高等学校规划教材·化学

无机化学实验

欧植泽 主编

西北工业大学出版社

西 安

【内容简介】 本书内容包括基本操作训练、无机化合物的提纯及制备、基本化学原理和常数测定、元素及其化合物的性质，以及综合型实验与仿真实验等5部分，共36个实验。本书适当加入了反映无机化学学科发展前沿的实验，有利于学生对无机化学学科的新进展、新技术的了解。部分实验设有选做部分，具有一定难度，可进一步培养学生发现问题、解决问题的能力，激发他们学习无机化学知识及相关学科的兴趣。附录中给出了常见溶液配制及常用数据等内容，便于查询。

本书可作为普通高等学校化学、化工及相关专业的无机化学实验课程教材，也可供有关化学专业的工作人员及研究人员参考。

图书在版编目(CIP)数据

无机化学实验/欧植泽主编. —西安：西北工业大学出版社，2021.8

高等学校规划教材·化学

ISBN 978-7-5612-7559-7

Ⅰ.①无… Ⅱ.①欧… Ⅲ.①无机化学-化学实验 Ⅳ.①O61-33

中国版本图书馆CIP数据核字(2021)第128616号

WUJI HUAXUE SHIYAN

无 机 化 学 实 验

责任编辑： 朱晓娟	**策划编辑：** 何格夫
责任校对： 张　友	**装帧设计：** 李　飞
出版发行： 西北工业大学出版社	
通信地址： 西安市友谊西路127号	邮编：710072
电　　话： (029)88493844，88491757	
网　　址： www.nwpup.com	
印 刷 者： 兴平市博闻印务有限公司	
开　　本： 787 mm×1 092 mm	1/16
印　　张： 9.75	
字　　数： 256千字	
版　　次： 2021年8月第1版	2021年8月第1次印刷
定　　价： 40.00元	

如有印装问题请与出版社联系调换

前　言

21世纪，人类进入了一个以科技革命推动生产力发展的新时代，对人才综合素质的要求不断提高。我国教育部要求高校进一步强化实践，注重培养学生的创造性思维，探索培养创新型人才。

化学是一门实验科学，而无机化学实验是高等学校化学、材料、生物等相关专业学生进入大学后的第一门实验课程，是连接中学化学和大学化学知识的桥梁，是培养学生严谨的科学态度、规范的操作技能和良好的实验习惯的开端，在大学实验教学过程中起着承上启下的关键作用，对学生今后进行科学实验和研究起着开路铺石的作用。

无机化学实验课程的基本目的是通过实验教学，直接获得大量化学事实，进一步熟悉元素及其化合物的重要性质和反应，加深对无机化学基本原理、化合物性质和反应性能的理解；灵活运用所学理论知识指导实验，掌握无机化学实验的基本实验方法和操作，培养学生获取知识、提出问题、分析问题、解决问题的独立工作能力，从而为后续的专业实验课程的学习及科学研究打下扎实的基础。

本书紧扣无机化学实验的教学大纲，加强了基本操作训练、基本理论、无机化合物制备方面的内容，可满足高等学校多个学科专业学生的教学需求。在多年教学经验的基础上，从已有的实验内容中精选了部分实验，新增了部分综合型、设计型实验，以及一些目前无机化学学科研究领域较为前沿的实验，形成了相对独立和完整的无机化学实验体系。本书的实验具有较强的关联性，通过适当安排可以形成系列实验，达到激发学生学习兴趣，培养学生发散性思维的目的。

参与本书编写的人员都长期从事无机化学及实验的教学工作，具有较强的化学专业知识背景，确保了本书的编写质量。本书共5个部分，分为36个实验，由高云燕（实验一、二、十二、四到九），王欣（实验三），岳红（实验十），辛文利（实验十一），尹德忠（实验十四），耿旺昌、李春梅（实验十五），耿旺昌（实验二十三），辛文利、王小荣（实验二十五），刘根起（实验二十六），岳红、胡小玲（实验二十七），管萍、胡小玲（二十八）编写，其余内容由欧植泽编写。西北工业大学化学化工学院基础化学教研组的教师和化学教学实验中心教师都参与了编写，并提出了建设性意见。另外，本书还得到了西北工业大学教材建设的立项支持，在此一并表示感谢。

在编写本书的过程中，参阅了相关文献资料，在此谨对其作者表示感谢。

由于水平有限，书中难免有疏漏与不妥之处，恳请读者批评指正。

编　者

2020年11月

目　录

第一章 绪 论

第一节 无机化学实验课程的任务和目的

化学是一门以实验为基础的学科，化学中的一些理论和定律是通过实验总结出来的，一些新物质的合成及应用也离不开化学实验。已故中国科学院院士戴安邦指出："实验教学是实施全面化学教育的有效形式。"

化学实验是在人为的条件下进行化学现象的模拟、再现和研究的实践性活动。化学实验的成功与否，与实验条件的优劣和实验操作者的实验技能的高低有关。在实验条件（仪器和药品）已经满足实验要求的前提下，实验操作者的实验技能是影响实验结果准确性的直接因素。

无机化学实验课程的目的是使大一学生加强对化学实验仪器和实验装置的规范操作的认知，扎实地训练化学实验方法与操作的技能技巧。本门课程的任务是：使学生了解化学实验的类型，具备化学实验常识；正确选择和使用常见的实验仪器设备，了解它们的构造、性能、用途和使用方法；熟悉实验原理和操作，系统地掌握无机化学实验的基本操作方法和实验技能、技巧；培养学生认真实验、仔细观察、积极思考、如实记录的实验素养和实事求是的科学态度及科学思维方法。学习无机化学实验课程，使学生具备较高的化学实验素养、操作技巧和实验能力，为以后学习各门实验课程打下良好的基础。

1. 预习

实验课要求学生既动手做实验，又要动脑思考问题，因此实验前必须要做好预习，对实验的各个过程心中有数，才能使实验顺利进行，达到预期的效果。预习时应做到：认真阅读实验教材和参考教材中的相关内容；明确实验的目的和基本原理；掌握实验的预备知识、实验关键步骤，了解实验操作过程的注意事项；写出简明扼要的预习报告。这样才能进行实验。

2. 实验

进行实验时，要有科学、严谨的态度，养成良好的做化学实验习惯。实验时应做到：认真操作，严格遵守实验操作规范，注重基本操作训练与实验能力的培养；对于每一个实验，不仅要在原理上搞清、弄懂，更要在操作上进行严格的训练。即使是一个很小的操作也要按规范要求一丝不苟地进行练习。实验中要细心观察现象，尊重实验事实，及时、如实地做好详细记录，从中得到有用的结论。实验过程中应勤于思考，仔细分析，力争自己解决问题，遇到难以解决的疑难问题时，可请教教师。在实验过程中保持安静，遵守规则，注意安全，节约。设计新实验或做规定以外的实验时，应先经指导教师允许。实验完毕后洗净仪器，整理好药品及实验台。

3. 实验报告

实验报告是总结实验进行的情况、分析实验中出现的问题和整理归纳实验结果必不可少的基本环节，是把直接和感性认识提高到理性思维阶段的必要一步。实验报告也反映出每个学生的实验水平，是实验评分的重要依据。实验者必须严肃、认真、如实地写好实验报告。

实验报告包括以下七部分内容：

(1)实验目的：需要掌握的实验操作、数据处理方法和相关理论知识。

(2)实验原理：主要用反应方程式和公式表示，语言要简明扼要。

(3)实验仪器与药品：实验用到的仪器、化学试剂的种类及浓度。

(4)实验内容：尽量用表格、框图、符号等形式，要条理清晰。

(5)实验现象和数据记录：表达实验现象要正确、全面，数据记录要规范、完整，不允许主观臆造，弄虚作假。

(6)实验结果：对实验结果的可靠程度与合理性进行评价，并解释所观察到的实验现象；若有数据计算，务必将所依据的公式和主要数据表达清楚。

(7)问题与讨论：针对本实验中遇到的疑难问题，提出自己的见解或体会；回答教师指定的问题；也可以对实验方法、检测手段、合成路线、实验内容等提出自己的意见，从而训练自己的创新思维和创新能力。

第二节　化学实验的基本知识和要求

化学实验室是开展实验教学的主要场所，在实验室中涉及许多仪器仪表、化学试剂甚至有毒药品，实验室常常潜藏着诸如发生爆炸、着火、中毒、灼伤、触电等事故的危险性。因此，实验的必须特别重视实验安全。

一、实验室守则

(1)实验前，认真预习，明确实验目的，了解实验原理，熟悉实验内容、方法和步骤，做好实验准备工作；严格遵守实验室的规章制度，听从教师的指导。

(2)实验中，要保持安静，不得大声喧哗，不得随意走动；实验时，要集中精力，认真操作，积极思考，仔细观察，如实记录。

(3)爱护公共财物，小心使用仪器和实验室设备，注意节约水、电和煤气。正确使用实验仪器、设备，精密仪器应严格按照操作规程使用，发现仪器有故障应立即停止使用，并及时向教师报告。

(4)实验台上的仪器、试剂瓶等应整齐地摆放在一定的位置上，注意保持台面的整洁；每人应取用自己的仪器，公用或临时共用的玻璃仪器使用完后应洗净并放回原处。

(5)药品应按规定量取用，应注意节约使用；已取出的试剂不能再放回原试剂瓶中，以免带入杂质。取用药品的用具应保持清洁、干燥，以保证药品的纯洁和浓度。取用药品后应立即盖上瓶盖，以免放错瓶塞，污染药品。放在指定位置的药品不得擅自拿走，用后要及时放回原处；实验中用过又规定要回收的药品，应倒入指定的回收瓶中。

(6)实验中的废渣、纸、碎玻璃、火柴梗等应倒入废品杯内；废液倒入指定的废液缸，剧毒废液由实验室统一处理；未反应完的金属洗净后回收；实验室的一切物品不得私自带出室外。

(7)实验结束后，应将所用仪器洗净放回实验橱内，实验橱内仪器应清洁、整齐，存放有序；

实验室内公共卫生应安排值日生轮流打扫，离开实验室时，并检查水、电、门窗是否关闭。

二、实验室安全守则

（1）一切易燃、易爆物质的操作都要在远离火源的地方进行；一切有毒的或有恶臭的物质的实验，应在通风橱中进行。

（2）不要用湿手接触电源；水、电、煤气用后应立即关闭水龙头、拉掉电闸、关闭煤气阀门；点燃的火柴用后应立即熄灭，不得乱扔。

（3）严禁在实验室内饮食、抽烟，或把食具带进实验室，防止有毒药品（如铬盐、钡盐、铅盐、砷的化合物、汞及汞的化合物、氰化物等）污染食物或接触伤口。

（4）绝对不允许随意混合各种化学药品，以免发生意外事故。

（5）加热试管时，不要将试管口对着自己或他人，也不要俯视正在加热的液体，以免被溅出的液体烫伤；在闻瓶中气体的气味时，鼻子不能直接对着瓶口（或管口），而应用手轻轻扇动少量气体进行嗅闻。

（6）倾注药剂或加热液体时，不要俯视容器，特别是具有腐蚀性的浓酸和浓碱，切勿使其溅在皮肤或衣服上，更应注意防护眼睛；稀释酸、碱（特别是浓硫酸）时，应将它们慢慢注入水中，并不断搅拌，切勿将水注入浓酸、浓碱中；强氧化剂（如氯酸钾、硝酸钾、高锰酸钾等）或其混合物不能研磨，以防引起爆炸；银氨溶液不能留存，其久置后会析出黑色的氮化银沉淀，极易爆炸。

（7）金属钾、金属钠和白磷等暴露在空气中易燃烧，所以金属钾、金属钠应保存在煤油中，白磷则可保存在水中，取用时要用镊子夹取；金属汞易挥发，并通过呼吸道进入人体内，逐渐积累会引起慢性中毒，一旦出现金属汞洒落，必须尽可能地收集起来，并用硫磺粉盖在洒落的地方，使金属汞转变成不挥发的硫化汞。一些有机溶剂（如乙醚、乙醇、丙酮、苯等）极易引燃，使用时必须远离明火、热源，用毕立即盖紧瓶盖。

（8）实验室所有药品不得携出室外。每次实验后，必须洗净双手后才可离开实验室。

三、意外事故的紧急处理

因各种原因而发生事故后，千万不要慌张，应沉着冷静，立即采取有效措施处理事故。

（1）割伤。对于割伤，要先将伤口中的异物取出，不要用水洗伤口，对于伤轻者可涂以紫药水（或红汞、碘酒），或贴上“创可贴”包扎；对于重伤者，先用酒精清洗消毒，再用纱布按住伤口，压迫止血，立即送医院治疗。

（2）烫伤。被高温物体烫伤后，不要用冷水冲洗或浸泡，若伤处皮肤未破可将碳酸氢钠粉调成糊状敷于伤处，也可用10％的高锰酸钾溶液或者苦味酸溶液洗灼伤处，再涂上獾油或烫伤膏。

（3）受强酸腐蚀。立即用大量水冲洗，再用饱和碳酸氢钠或稀氨水冲洗，最后用水冲洗；若酸液溅入眼睛，用大量水冲洗后，立即送医院诊治。

（4）受浓碱腐蚀。立即用大量水冲洗，再用2％的醋酸溶液或饱和硼酸溶液冲洗，最后用水冲洗；若碱液溅入眼睛，用3％的硼酸溶液冲洗后，立即送医院诊治。

（5）受溴腐蚀致伤。用甘油洗濯伤口，再用水洗。

（6）受磷灼伤。应立即用1％的硝酸银、5％的硫酸铜或浓高锰酸钾溶液洗濯伤处，除去磷的毒害后，再按一般烧伤的治理方法处置。

（7）吸入刺激性或有毒气体。吸入氯气、氯化氢气体时，可吸入少量酒精和乙醚的混合蒸气解毒；吸入硫化氢或一氧化碳气体而感到不适（头晕、胸闷、欲吐）时，应立即到室外呼吸新鲜空气。但应注意，氯气、溴中毒不可进行人工呼吸，一氧化碳中毒不可施用兴奋剂。

(8)毒物入口。可内服一杯含有 5 ～10 mL 稀硫酸铜溶液的温水，再用手指伸入咽喉部，促使呕吐，然后立即送医院诊治。

(9)触电。立即切断电源，或尽快地用绝缘物（干燥的木棒、竹竿等）将触电者与电源隔开，必要时进行人工呼吸。

(10)起火。要立即灭火，并采取措施防止火势蔓延（如切断电源，移走易燃药品等），必要时应报火警(119)。灭火的方法要针对起火原因选择合适的方法和灭火设备：①一般的起火，小火用湿布、石棉布或砂子覆盖燃烧物即可灭火，大火可以用水、泡沫灭火器、二氧化碳灭火器灭火；②活泼金属如钠、钾、镁、铝等引起的着火，不能用水、泡沫灭火器、二氧化碳灭火器灭火，只能用砂土、干粉灭火器灭火；③有机溶剂着火时切勿使用水、泡沫灭火器灭火，而应该用二氧化碳灭火器、专用防火布、砂土、干粉灭火器等灭火；④精密仪器、电器设备着火时，先切断电源，小火可用石棉布或砂土覆盖灭火，大火用四氯化碳灭火器灭火，亦可以用干粉灭火器或 1211 灭火器灭火，不可用水、泡沫灭火器灭火，以免触电；⑤身上衣服着火时，切勿惊慌乱跑，应赶快脱下衣服或用专用防火布覆盖着火处，或就地卧倒打滚，也可起到灭火的作用。

四、无机化学实验废液的分类及处理办法

1.酸碱废液

酸碱废液中主要的酸类是盐酸、硫酸、硝酸和乙酸，主要的碱类是氢氧化钠和氢氧化钾。酸碱废液的处理相对简单，先收集并储存实验后的废液，然后进行酸碱中和处理。在酸碱中和过程中，会释放出大量的热量，这时注意液体飞溅，可以用玻璃棒慢慢搅拌。要尽可能保证反应发生完全，并查验其 pH，pH 在 7 左右即可排放。

2.含重金属离子废液

常规化学实验中使用的金属盐主要含有重金属（如钡、镉、铬和汞）离子。将废液罐放置在实验室的指定位置，并根据产生的金属离子进行分类和回收，然后收集和分类处理或存放。

(1)对含铬(Ⅵ)化合物废液的处理：可以在酸性条件下先用还原剂 $FeSO_4$ 或用硫酸加铁屑还原至 Cr(Ⅲ)后，再转化为氢氧化物沉淀而分离。

(2)对含银化合物的废液的处理：可在废液中加入氨水，使溶液逐渐变清，再加入适量的氨水和 10%的葡萄糖液，进行水浴加热，使银离子以银镜的形式析出。

$$2Ag(NH_3)^+ + C_6H_{11}O_5CHO + OH^- = 2Ag\downarrow + C_6H_{11}O_5COO^- + 2NH_4^+$$

(3)对含有锌、铬、汞、锰等重金属离子的废液的处理：可以采取碱液沉淀法，使这些金属离子转变为氢氧化物或碳酸盐沉淀，再将沉淀与液体分离。对含有铬、汞离子废液的便捷处理方法包括：①含有铬离子废液的处理，在废液中加入石灰或电石渣，使铬离子转变为难溶的 $Cd(OH)_2$ 沉淀除去；②含有汞离子废液的处理，用废铜屑、铁屑、锌粒作还原剂处理废液，可直接回收金属汞，或在废液中加入 NaSCN 和 $KAl(SO_4)_2$，使汞转变为难溶的 HgS 沉淀而除去，这种方法的除汞率可达 99%。

3.含砷或氰化物（极毒）废液的处理

含砷的废液，可以加入 Fe(Ⅲ)盐溶液及石灰乳，使砷化物沉淀而分离。高浓度氰化物废水采用硫酸亚铁和焦亚硫酸钠进行络合沉淀后，经空气氧化工艺处理，可达到污水综合排放标准。

第三节 化学实验常用仪器

一、常用仪器及其使用

在化学实验中，离不开各种实验仪器和设备，正确认识、选择和使用仪器，可以更加轻松、有效地进行实验工作，是开展实验、培养学生实践能力的基本要求。

1. 试管

根据试管形状，普通试管常分为平口试管、具支试管和离心试管等（见图 1－1）。试管是用作少量试剂的反应容器，也可用于收集少量气体。平口试管适宜于一般化学反应；具支试管可作气体发生器，也可作洗气瓶或少量蒸馏用；离心试管主要用于沉淀分离。试管的大小用试管外径（mm）与管长（mm）的乘积来表示，如 10 mm×100 mm，12 mm×100 mm，15 mm×150 mm，18 mm×180 mm 和 32 mm×200 mm 等。

试管的使用方法和注意事项如下：

（1）应根据试剂的用量多少选用大小合适的试管。使用试管时，用拇指、食指和中指三指握持离试管口 1/3 处。振荡试管时，要腕动臂不动。

（2）试管中液体的量不应超过试管容积的 1/2；加热时，液体的量不应超过试管容积的 1/3。

（3）盛装粉末状试剂时，要用纸槽送入试管；盛装粒状或块状固体时，应将试管倾斜，将粒状或者块状固体放入试管口后，再竖立起试管，使粒状或块状固体沿试管壁慢慢滑入管底。

（4）给试管加热时，试管外部的水分应擦干，应用试管夹夹持而不能手持试管加热。试管夹应夹持在距管口 1/3 处。加热液体时，试管口不要对人，并将试管倾斜与桌面成 45°；加热固体试剂时，试管口应略向下倾斜。加热完毕后，应让其自然冷却，要注意避免骤冷以防止炸裂。

（5）离心试管不可直接加热。

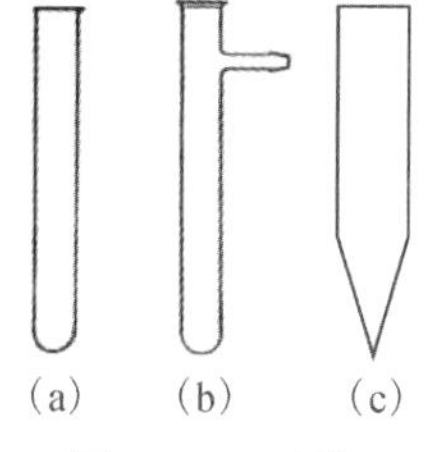

图 1－1 试管

(a) 平口试管；(b) 具支试管；(c) 离心试管

2. 烧杯

烧杯通常用作反应物量较多时的反应容器。此外，烧杯也可用于配制溶液、溶解物质、溶液的蒸发等，容量较大烧杯可代替水槽或作简易水浴等盛水用器。烧杯的种类和规格较多，烧杯分为硬质和软质、有刻度和无刻度、低型和高型等几种。常用的烧杯是硬质低型具有刻度烧杯。刻度烧杯的分度表（体积刻度）并不十分精确，允许误差一般在±5%之内，所以在烧杯上还印有“APPROX”字样，表示“近似容积”，因此刻度烧杯不能作量器使用。烧杯的规格以其容积（mL）大小来表示，如 50 mL，100 mL，200 mL，250 mL，400 mL，500 mL，1000 mL，2000 mL 等规格。

使用烧杯时应注意以下事项：

(1)烧杯所盛溶液不宜过多，不应超过容积的 2/3。加热时，烧杯所盛溶液体积不能超过容积的 1/3。

(2)烧杯不能直接加热，必须垫上石棉网后才能加热，更不能空烧，当盛有液体时方可进行加热。

(3)拿烧杯时，要拿外壁，手指勿接触内壁。拿取加热时的烧杯要用烧杯夹。

(4)需用玻璃棒搅拌烧杯内所盛溶液时，应使玻璃棒在烧杯内均匀旋动，切勿撞击杯壁或杯底“出声”，防止烧杯破损或内壁受玻璃棒摩擦而变得不光滑。

(5)烧杯不宜长期存放化学试剂，用后应立即洗净、烘干，并倒置存放。

3.量筒和量杯

量筒和量杯是实验室最常用的两种测量液体体积的实验器材。量筒的底部和顶部的粗细程度是一样的，刻度均匀。量杯一般是底部比较细，越往上面越粗，其刻度不均匀，越往上，刻度就越密。两者常用于粗略地量取所需液体的体积，被量取的液体的体积为该液体液面在某刻度值时所示的数值。量筒有两种：面对分度表时，量筒倾液嘴向右，便于左手操作，称为左执式量筒；面对分度表时，量筒倾液嘴向左，便于右手操作，称为右执式量筒。常用的量筒均为右执式量筒。

使用量筒时应注意以下事项：

(1)应竖直放置或持直，读数时视线应和液面水平，读取与弯月面最下点相切刻度。正确读取量筒刻度示值的方法如图 1-2 所示，视线偏高或偏低都是不正确的读取数据方法。

(2)量筒不可加热，不能用作实验(如溶解、稀释等)容器，不可测量温度高的液体。

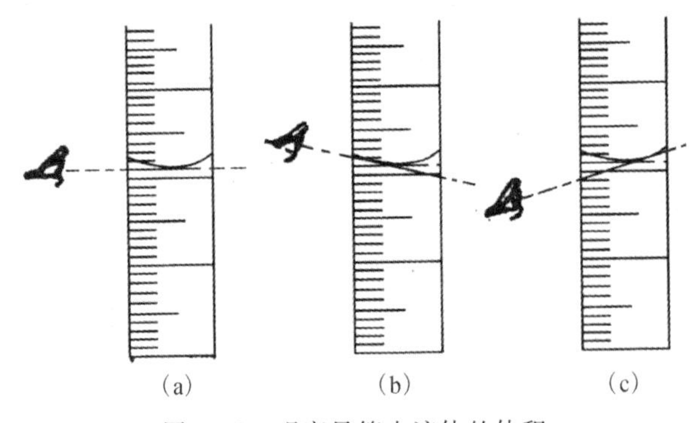

图 1-2　观察量筒内液体的体积

(a) 读数正确；(b) 读数偏高；(c) 读数偏低

4.温度计

温度计是用于测量温度的仪器。温度计的种类很多，如普通温度计、热电偶温度计等。实验室中常用的是普通温度计，如水银温度计和酒精温度计。热电偶温度计的热电偶传感元件是由两根不同材质的金属线组成的，结构简单，使用方便，精确度高。实验室的数字式温度计大多为热电偶温度计。

根据用途和测量精度不同，温度计分为精密温度计和普通温度计两种。精密温度计的刻度精细，量程为 0～50℃，测量精度高，主要用于温度的精确测量或校正其他温度计。普通温度计中，酒精温度计的量程为 0～100℃，水银温度计的量程有 0～100℃，0～200℃和 0～

360℃三种。普通温度计常用于测试要求不太高的温度。

使用温度计时应注意以下事项：

(1)应选择适合测量范围的温度计，严禁超量程使用温度计。

(2)测量液体温度时，温度计的水银泡部分应完全浸入液体中，但不得接触容器壁；测量蒸汽温度时水银泡应在液面以上；测量蒸馏馏分温度时，水银泡应略低于蒸馏烧瓶支管。

(3)读数时，视线应与水银温度计水银液柱凸面最高点或酒精温度计红色凹面最低点水平。

(4)禁止将温度计代替玻璃棒搅拌液体。温度计用完后应用水冲洗、擦拭干净，装入温度计套内，远离热源存放。

5. 容量瓶

容量瓶是用于配制准确浓度溶液的玻璃容器，常见规格有 5 mL，10 mL，25 mL，50 mL，100 mL，250 mL，500 mL，1000 mL 和 2000 mL 等。其容积是在所指温度下(刻于瓶上，一般为 20℃)液体充满至标线时的容积，属"量入式"量器。按颜色来分，容量瓶有无色(也称白色)和棕色两种，其中白色容量瓶最常用。配制见光易分解或反应的高锰酸钾、碘化钾、硝酸银等溶液时要用棕色容量瓶。

使用容量瓶时应注意以下事项：

(1)使用容量瓶时应先洗刷干净和"验漏"。

(2)溶质应先在烧杯内全部溶解后，再移入容量瓶。

(3)容量瓶不能加热，不能代替试剂瓶用来存放溶液。

6. 漏斗

漏斗又称三角漏斗，是用于向小口径容器中加液，或配上滤纸作过滤器而将固体和液体混合物进行分离的一种仪器。漏斗的规格以斗径大小表示，如 40 mm，60 mm 和 90 mm 等。漏斗可分为长颈漏斗和短颈漏斗(见图 1－3)，但都是圆锥体(不包括颈部)，圆锥角一般在 57°～60°之间，投影图为三角形，故称三角漏斗。做成圆锥体是为了便于折放滤纸，在过滤时又便于保持漏斗内液体常具一定深度，从而保持滤纸两边有一定压力差，有利滤液通过滤纸。

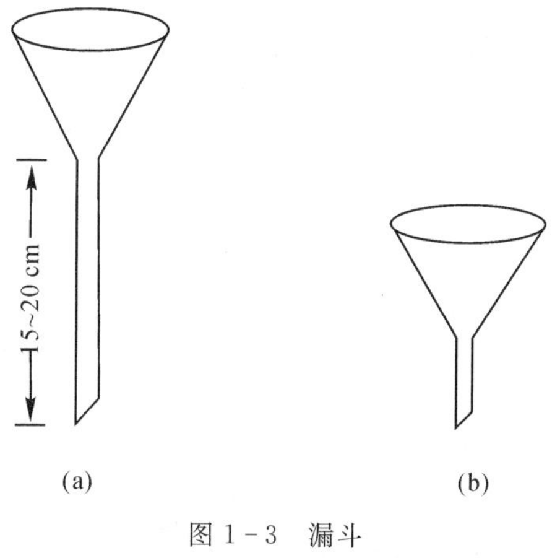

图 1－3　漏斗

(a) 长颈漏斗；(b) 短颈漏斗

7. 吸滤瓶

吸滤瓶又叫抽滤瓶，与布氏漏斗配套组成减压过滤装置(见图 1－4)，吸滤瓶用作承接滤液的容器。吸滤瓶的瓶壁较厚，能承受一定压力。它与布氏漏斗配套后，利用水泵或抽气管

(又称水流泵、射水泵,俗称水吹子)减压。在抽气管与吸滤瓶之间也常再连接一个安全瓶作缓冲器,以防止倒流现象。吸滤瓶的规格以容积表示,常用的有 250 mL,500 mL 及 1000 mL 等几种。布氏漏斗为瓷质,规格以直径(mm)表示。

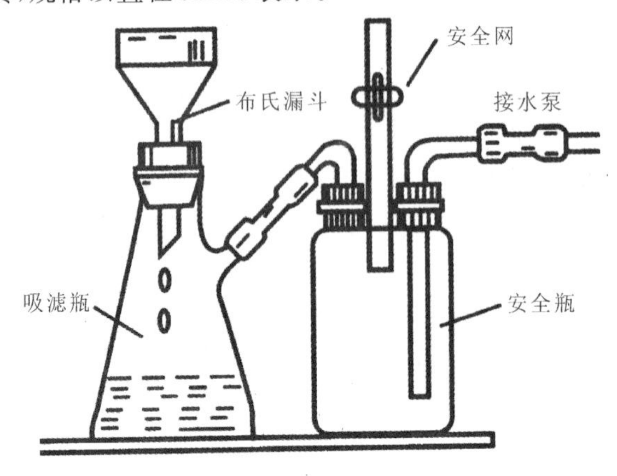

图 1-4　减压过滤装置

吸滤瓶的使用注意事项如下:

(1)不能直接加热。

(2)安装时,布氏漏斗径的斜口要对准吸滤瓶的抽气嘴。抽滤时速度(用流水控制)要慢且均匀,吸滤瓶内的滤液不能超过抽气嘴。

(3)滤纸要略小于漏斗内径;要先开真空泵或抽气管,后过滤;抽滤完毕后,先分开真空泵或抽气管与抽滤瓶的连接处,后关真空泵或抽气管,以免水流倒吸。

(4)抽滤过程中,若漏斗内沉淀物有裂纹时,要用玻璃棒或干净的药匙及时压紧,以保证吸滤瓶的低压,便于吸滤干净。

8. 干燥管

干燥管内装入干燥剂,用于除去混合气体中的水分或杂质气体。干燥管除单球形外,还有 U 形管、具支 U 形管、带活塞具支 U 形管等多种(见图 1-5)。其中,带活塞具支 U 形干燥管使用非常方便,不用时,可将活塞关闭,又可防止干燥剂受潮。干燥管的规格以管外径(mm)和全长(mm)表示。例如,常用直型单球干燥管为 16 mm×100 mm,17 mm×140 mm 和 17 mm×160 mm 等几种。

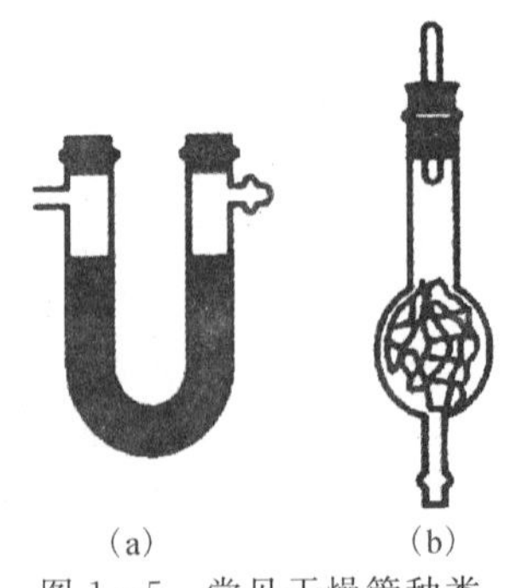

图 1-5　常见干燥管种类

(a) 具支 U 形干燥管;(b) 单球形干燥管

使用干燥管时应注意以下事项：

(1)干燥管内一般应盛放固体干燥剂。选用干燥剂时要根据被干燥气体的性质和要求确定。

(2)干燥剂颗粒大小适中，填充时松紧要适度。干燥剂应放置在球体内，两端还应填充少许棉花或玻璃纤维。

(3)干燥剂变潮后应立即更换，用后要将干燥管清洗干净。

(4)用时要接对，大头进小头出，并且要固定在铁架台上使用。

9. 洗气瓶

洗气瓶是除去气体中所含杂质的一种仪器，包括带磨口的洗气瓶(见图1-6)、螺旋口式洗气瓶和广口瓶配上胶塞和玻璃导管制成的洗气瓶。洗气瓶的规格以容积大小表示，常用的有125 mL，250 mL和500 mL几种。含有杂质的气体通过洗气瓶中的液体试剂时，杂质被洗去，同时气体中所含少量固体微粒或液滴也被液体试剂阻留下来，从而达到净化气体的目的。

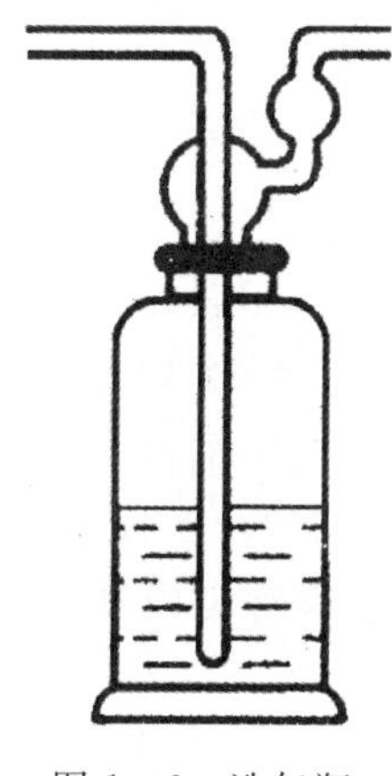

图1-6 洗气瓶

使用洗气瓶时应注意以下事项：

(1)应根据净化气体的性质及所含杂质的性质和要求选用适宜的液体洗涤剂。洗涤剂的量一般为没过导管出气口1 cm，不宜太多，以免气体因压力过大出不来。

(2)使用前应检验洗气瓶的气密性，在导管磨口处涂一薄层凡士林。连接处要严密不漏气，要特别注意不要把进、出气体的导管连接反(长管进气，短管出气)。

(3)空瓶反接可作安全瓶或缓冲瓶使用。

(4)洗气瓶不能长时间盛放碱性液体洗涤剂，用后及时将该洗涤剂倒入有橡胶塞的试剂瓶中存放待用，并将洗气瓶用水清洗干净放置。

10. 蒸发皿

蒸发皿主要用于蒸发、浓缩溶液，有瓷质、玻璃、石英或金属等材质，分为平底和圆底两种。平底具柄的蒸发皿通常称为蒸发勺。蒸发皿口大底浅，蒸发速度快，随蒸发液体性质不同可选用不同材质的蒸发皿。蒸发皿的规格一般按容积(mL)表示，有75 mL，150 mL，200 mL，400 mL等几种。

蒸发皿的使用注意事项：①能耐高温，但不宜骤冷；②一般放在石棉网上加热；③蒸发皿中盛液一般不超过容积的2/3。若需要蒸发的溶液量多，可先蒸发一段时间，然后分次添加，继续蒸发。

11. 移液管和吸量管

移液管和吸量管用于准确移取一定体积的溶液(见图 1-7)。移液管上部只有一条标线，中间有膨大部分，又称为胖肚移液管；吸量管是直形的，带有精细刻度。

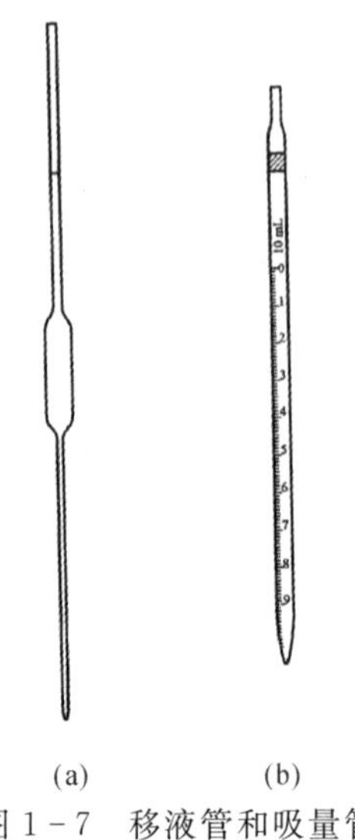

(a) (b)

图 1-7 移液管和吸量管

(a) 移液管；(b) 吸量管

移液管和吸量管的使用方法基本相同，下面以移液管为例说明其使用方法：

(1)润洗。使用前用少量洗液润洗后，依次用自来水、蒸馏水润洗几次，洗净的移液管整个内壁和下部的外壁不挂水珠。再用滤纸将管尖内外的水吸去，然后用少量移取液润洗 2～3 次，以免溶液被稀释。润洗后，即可移液。

(2)吸液和调整。用移液管吸取溶液时，右手拇指及中指拿住管颈标线以上部位，将移液管下端垂直插入液面下 1～2 cm 处，插入太深，外壁黏带溶液过多，插入太浅，液面下降时易吸空。左手持洗耳球，捏扁洗耳球挤出空气并将其下端尖嘴插入吸管上端口内，然后逐渐松开洗耳球吸上溶液，眼睛注意液体上升，随着容器中液面的下降，移液管逐渐下移。当溶液上升至管内标线以上时，拿去洗耳球，迅速用右手食指紧按管口。将移液管抽离液面，靠在器壁上，稍微放松食指，同时轻轻转动移液管，使液面缓慢下降，当液面与标线相切时，立即按紧食指使溶液不再流出。如图 1-8(a)(b)所示。

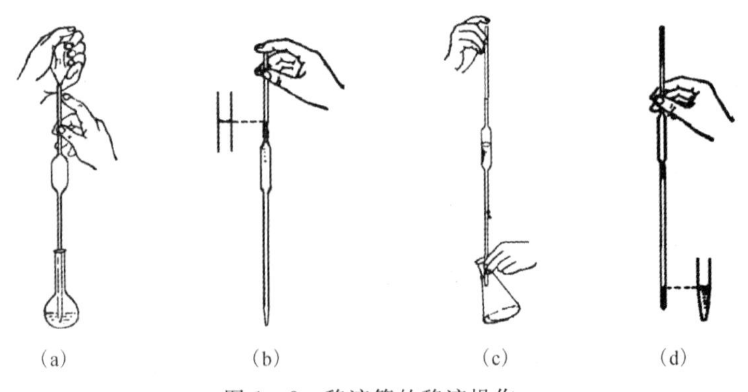

(a) (b) (c) (d)

图 1-8 移液管的移液操作

(a) 吸液；(b) 把液面调到刻度处；(c) 放出液体；(d) 留在移液管里的液体

(3)放液。将吸取了溶液的移液管插入准备接受溶液的容器中,将接受容器倾斜而移液管直立,使容器内壁紧贴移液管尖端管口,并成45°左右。放开食指让溶液自然顺壁流下,待溶液流尽后再停靠约15 s,取出移液管。最后尖嘴内余下的少量溶液,不必吹入接收器中,因在制管时已考虑到这部分残留液体所占体积。注意,有的吸管标有“吹”字,则一定要将尖嘴内余下的少量溶液吹入接收容器中。

12. 研钵

研钵是用来研磨硬度不大的固体及固体物质混合的仪器,其材质有铁、氧化铝、玛瑙、瓷和玻璃等。研钵的使用注意事项:①研磨时,应使研杵在钵内缓慢而稍加压力地转动;②大块物质应先压碎,以免伤及钵和杵;③禁止用研钵研磨撞击时易燃、易爆的氧化剂等;④固体量不超过钵体容积的1/3,以免溅落。

13. 干燥器

干燥器是用来防止冷却过程中的物质吸收空气中的水分或保持物质干燥的仪器,有常压干燥器和真空干燥器两种。真空干燥器的盖顶具有抽气支管与抽气机相连,下层(座底)放干燥剂,中间放置有孔瓷板,上层(座身)放置欲干燥的物质。干燥器使用注意事项:①干燥器的盖子和座身上口磨砂部分需涂少量凡士林,使盖子滑动数次以保证涂抹均匀,在盖住后严密而不漏气。②干燥器在开启、合盖时,左手按住器体,右手握住盖顶“玻璃球”,沿器体上沿轻推或拉动。切勿用力上提。盖子取下后要仰放桌上,使玻璃球在下,但要注意不要让盖子滚动。③要干燥的物质首先盛在容器中,再放置在有孔瓷板上面,盖好盖子。④根据干燥物的性质和干燥剂的干燥效率选择适宜的干燥剂放在瓷板下面的容器中,所盛量约为容器容积的1/2。⑤搬动干燥器时,必须两手同时拿住盖子和器体,以免打翻器中物质和滑落器盖。

14. 加热仪器

化学实验中常用的加热仪器有酒精灯、酒精喷灯、煤气灯、电炉和电加热套等。

酒精灯(见图1-9)由灯罩、灯芯和灯壶三部分组成,酒精灯的加热温度通常为400～500℃,适用于加热温度不需太高的实验,加热时应采用外焰加热。

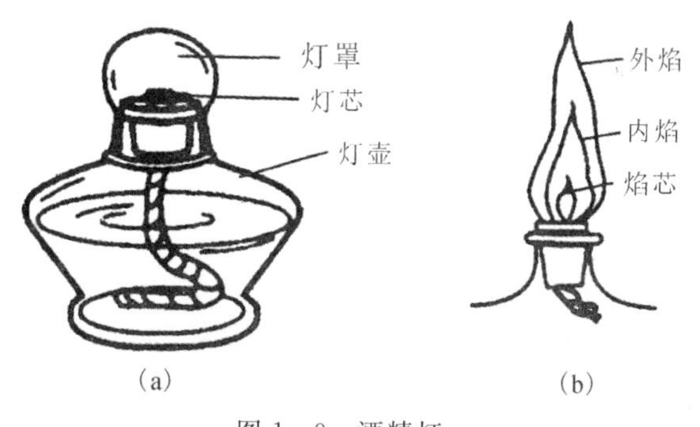

图1-9　酒精灯

(a)酒精灯结构;(b)灯焰

酒精灯的使用方法如图1-10所示。先检查灯芯,剪去灯芯烧焦部分,露出灯芯管0.8～1 cm为宜。然后添加酒精,加酒精时必须将灯熄灭,待灯冷却后,借助漏斗将酒精注入,酒精加入量为灯壶容积的1/3～2/3,即稍低于灯壶最宽位置(肩膀处)。点灯时必须用火柴点燃,绝对不能用另一燃着的酒精灯去点燃,以免洒落酒精引起火灾。用后要用灯罩盖灭,不可用嘴吹灭,灯罩盖上片刻后,还应将灯罩再打开一次,以免冷却后盖内产生负压使以后打开困难。

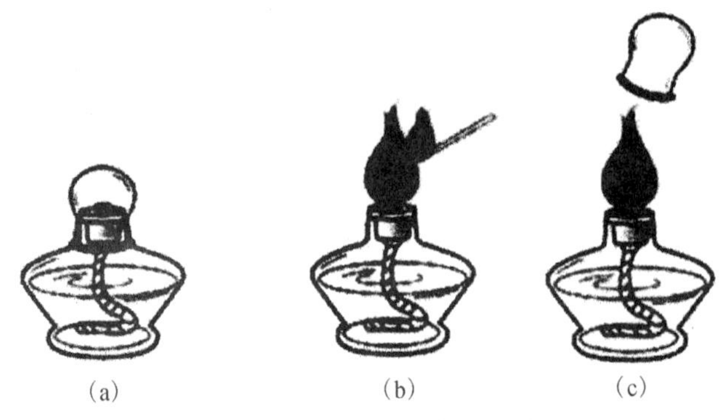

(a) (b) (c)

图 1-10 酒精灯的使用方法

(a) 检查灯芯;(b) 点燃;(c) 熄灭方法

按加热的方式不同,加热可分为直接加热和间接加热。

(1)直接加热。当被加热的液体在较高温度下稳定而不分解,又无着火危险时,可以把盛有液体的容器放在石棉网上用灯直接加热。实验室常用于直接加热的玻璃器皿中,试管、烧杯、烧瓶、蒸发皿和坩埚等(见图 1-11)都能承受一定的温度,但不能骤冷骤热,因此在加热前必须将器皿外的水擦干,加热后也不能立即与潮湿物体接触。

1)试管的加热。少量液体或固体一般置于试管中加热。用试管加热时,由于温度较高,不能直接用手拿试管加热,应用试管夹夹持试管或将试管用铁夹固定在铁架台上。加热液体时,应控制液体的量不超过试管容积的 1/3,用试管夹夹持试管的中上部加热,并使管口稍微向上倾斜,管口不要对着自己或他人,以免被爆沸溅出的溶液灼伤。为使液体各部分受热均匀,应先加热液体的中上部,再慢慢往下移动加热底部,并不时地摇动试管,以免由于局部过热,蒸汽骤然产生将液体喷出管外,或因受热不均使试管炸裂。加热固体时,试管口应稍微向下倾斜,以免凝结在试管口上的水珠回流到灼热的试管底部,使试管破裂。加热固体时也可以将试管用铁夹固定在铁架台上。

2)烧杯、烧瓶、蒸发皿的加热。蒸发液体或加热量较大时可选用烧杯、烧瓶或蒸发皿。用烧杯、烧瓶和蒸发皿等玻璃器皿加热液体时,不可用明火直接加热,应将器皿放在石棉网上加热,否则易因受热不均而破裂。使用烧杯和蒸发皿加热时,为了防止爆沸,在加热过程中要适当加以搅拌。加热时,烧杯中的液体量不应超过烧杯容积的 1/2。蒸发、浓缩与结晶是物质制备实验中常用的操作之一,通过此步操作可将产品从溶液中提取出来。由于蒸发皿具有大的蒸发表面,有利于液体的蒸发,所以蒸发浓缩通常在蒸发皿中进行。蒸发皿中的盛液量不应超过其容积的 2/3。加热方式可视被加热物质的性质而定。对热稳定的无机物,可以用酒精灯等直接加热(应先均匀预热),一般情况下采用水浴加热。加热时应注意不要使瓷蒸发皿骤冷,以免炸裂。

3)坩埚的加热。高温灼烧或熔融固体使用的仪器是坩埚。灼烧是指将固体物质加热到高温以达到脱水、分解或除去挥发性杂质、烧去有机物等目的的操作。实验室常用的坩埚有瓷坩埚、氧化铝坩埚和金属坩埚等。至于要选用何种材料的坩埚则视需灼烧的物料的性质及需要加热的温度而定。加热时,将坩埚置于泥三角上,直接用煤气灯灼烧。先用小火将坩埚均匀预热,然后加大火焰灼烧坩埚底部,根据实验要求控制灼烧温度和时间。夹取高温下的坩埚时,必须使用干净的坩埚钳,坩埚钳使用前先在火焰上预热一下,再去夹取。灼热的瓷坩埚及氧化铝坩埚绝对不能与水接触,以免爆裂。坩埚钳使用后应使尖端朝上放在桌子上,以保证坩埚钳尖端洁净。用煤气灯灼烧可获得700～900℃的高温，若需更高温度可使用电炉。

图1-11 直接加热的方式

(a) 加热试管中的固体；(b) 加热烧杯的液体；(c) 灼烧坩埚

(2)间接加热。当被加热的物体需要受热均匀，而且受热温度又不能超过一定限度时，可根据具体情况，选择特定的热浴进行间接加热。所谓热浴是指先用热源将某些介质加热，介质再将热量传递给被加热物的一种加热方式。它是根据所用的介质来命名的，如水浴、油浴、沙浴等。热浴的优点是加热均匀，升温平稳，并能使被加热物保持较恒定温度。

1)水浴。以水为加热介质的一种间接加热法称为水浴。水浴加热常在水浴锅中进行。在水浴加热操作中，水浴中水的表面略高于被加热容器内反应物的液面，可获得更好的加热效果。如采用电热恒温水浴锅加热，则可使加热温度恒定。实验室也常用烧杯代替水浴锅，在烧杯上放上蒸发皿，也可作为简易的水浴加热装置，进行蒸发浓缩。如将烧杯、蒸发皿等放在水浴盖上，通过接触水蒸气来加热，这就是蒸汽浴。如果要求加热的温度稍高于100℃，可选用无机盐类的饱和水溶液作为热浴液。

2)油浴。用油代替水浴中的水，即是油浴。当要求被加热的物质受热均匀，温度又需高于100℃时，可使用油浴。所用油多为花生油、豆油、亚麻油、蓖麻油、菜籽油、硅油、甘油和真空泵油等。其中，甘油浴用于150℃以下的加热，石蜡油浴用于200℃以下的加热。

3)沙浴。在铁盘或铁锅中放入均匀的细沙，器皿的被加热部位埋入细沙中，用煤气灯或酒精喷灯加热铁盘或铁锅。若要测量沙浴的温度，可把温度计水银球部分埋入靠近器皿处的沙中(不要触及底部)。沙浴的特点是升温缓慢，停止加热后，散热也缓慢。

15. 高温电阻炉(马弗炉)

高温电阻炉也叫马弗炉，常用于重量分析中的样品灼烧、沉淀灼烧和灰分测定等工作。实验室采用的主要为高温箱式电阻炉(如SX10-HTS型)。这种电阻炉以硅碳棒为加热元件。额定温度为1000℃，与数显表、可控硅电压调整器及铂热电偶配套，从而实现测量、显示和自动控温。它具有精度高，稳定性强，操作简便，读数直观、清晰等优点。

(1)结构简介。电阻炉外形为长方体，炉壳用薄钢板经折边焊接而成。内炉衬用轻质耐火纤维制成，加热元件为硅碳棒，插于内炉的顶部与底部或两侧，内炉衬为高级保温材料的保温层。

为了确保安全，炉体顶部或两侧有防护罩。温度控制调节旋钮和设定、显示装置的控制器，通过多级铰链固定在炉体右侧。

电炉炉门由单臂支承，通过多级铰链固定于电炉面板上。炉门关闭时，利用炉门把手的自重将炉门紧闭于炉口，通过门钩扣住门扣。开启时只需将把手稍往上提，脱钩后往外拉开，将炉门置于左侧即可。

(2)使用方法。将装有样品的坩埚放入炉膛中部,关闭炉门。打开控温器的电源开关,绿灯显示加热,将温度设定旋钮设定到所需温度,温度显示指针将显示炉膛内温度,到设定温度后,加热会自动停止,红灯亮,表示处于保温状态。

加热时间到,先关闭电源,但不应立即打开炉门,以免炉膛骤冷碎裂。一般可先开一条小缝,让其降温快些,然后用长柄坩埚钳取出被加热物体。

高温炉在使用时,要经常照看,防止自控装置失灵,造成电炉丝烧断等事故。

炉膛内要保持清洁,炉子周围不要放易燃、易爆物品。

二、玻璃仪器的洗涤与干燥

在化学实验中,玻璃仪器的洗涤不仅是一项必须做的实验前的准备工作,也是一项技术性的工作。仪器洗涤是否符合要求,对实验结果的准确性和精密度均有影响,洗涤不符合要求严重时甚至导致实验失败。因此,实验所用仪器必须是清洁干净的,有些实验还要求仪器必须是干燥的。洗涤仪器的方法很多,应根据实验的要求、污物的性质和玷污程度以及仪器的类型和形状来选择合适的洗涤方法。一般来说,附着在仪器上的污物既有可溶性物质,也有尘土和其他不溶性物质,还有有机物质和油污等,应针对这些情况"对症下药",选用适当的洗涤剂来洗涤。

1.玻璃仪器洗涤方法

玻璃仪器干净的标准是用水冲洗后,仪器内壁能均匀地被水润湿而不黏附水珠。如果仍有水珠黏附在内壁,则说明仪器还未洗净,需要进一步清洗。洗涤方法可分为以下几种。

(1)一般洗涤。像烧杯、试管、量筒、漏斗等仪器,一般先用自来水洗刷仪器上的灰尘和易溶物,然后选用合适的毛刷蘸取去污粉、洗衣粉或合成洗涤剂,转动毛刷将仪器内外全部刷洗一遍,再用自来水冲洗至看不见有洗涤剂的小颗粒为止。自来水洗涤的仪器,往往还残留着一些 Ca^{2+},Mg^{2+} 和 Cl^- 等,需再用蒸馏水或去离子水漂洗几次。洗涤仪器时,应该逐一清洗,这样可避免同时抓洗多个仪器时碰坏或摔坏仪器。洗涤试管时,要注意避免试管刷底部的铁丝将试管捅破。用蒸馏水或去离子水洗涤仪器时,应采用"少量多次"法,通常使用洗瓶,挤压洗瓶使其喷出一股细流,均匀地喷射在内壁上并不断地转动仪器,再将水倒掉,如此重复几次即可。这样既提高效率,又可节约用水。

(2)铬酸洗液洗涤。洗液洗涤常用于一些形状特殊、容积精确、不宜用毛刷刷洗的容量仪器,如滴定管、移液管和容量瓶等。

铬酸洗液可按下述方法配制:将 25 g 重铬酸钾固体在加热条件下溶于 50 mL 水中,冷却后边搅拌边向溶液中慢慢加入 450 mL 浓硫酸(注意安全,切勿将重铬酸钾溶液加到浓硫酸中),冷却后贮存在试剂瓶中备用。铬酸洗液是一种具有强酸性、强腐蚀性和强氧化性的暗红色溶液,对具有强还原性的污物(如有机物、油污)的去污能力特别强。铬酸洗液可重复使用,故洗液在洗涤仪器后应保留,多次使用后当颜色变绿时($CrO_4{}^{2-}$ 变为 Cr^{3+}),就丧失了去污能力,需再生后才能继续使用。

王水也是实验室中经常用的一种强氧化性的洗涤剂。王水为 1 体积浓硝酸和 3 体积浓盐酸的混合液,因王水不稳定,所以使用时应现用现配。

以上两种洗液在使用时要切实注意不能溅到身上,以防"烧"破衣服和损伤皮肤。

用洗液洗涤仪器的一般步骤如下:①仪器先用自来水洗,并尽量把仪器中残留的水倒净,以免稀释洗液,然后向仪器中加入少许洗液,倾斜仪器并使其慢慢转动,使仪器的内壁全部被洗液润湿,使洗液在仪器内浸泡一段时间;②用完的洗液倒回洗液瓶,洗液刚浸洗过的仪器应先用少量水冲洗,冲洗废水不要倒入水池和下水道里,长久会腐蚀水池和下水道,应倒在废液缸中,经处理后排放;③仪器用洗液洗过后再用自来水冲洗,最后用蒸馏水或去离子水淋洗3次即可。

(3)污物的洗涤。一些仪器上常有不溶于水的污垢,特别是原来未清洗而长期放置后的仪器。这就需要根据污垢的性质选用合适的试剂(见表1-1),使其经化学溶解而除去。

表1-1 常见污物处理方法

污物	处理方法
可溶于水的污物、灰尘等	自来水清洗
不溶于水的污物	肥皂、合成洗涤剂
氧化性污物(如 MnO_2 和铁锈等)	浓盐酸、草酸洗液
油污、有机物	碱性洗液(Na_2CO_3 和 NaOH 等)、有机溶剂、铬酸洗液、碱性高锰酸钾洗涤液
残留的 Na_2SO_4 和 $NaHSO_4$ 等固体	用沸水使其溶解后趁热倒掉
高锰酸钾污垢	酸性草酸溶液
黏附的硫磺	用煮沸的石灰水处理
瓷研钵内的污迹	用少量食盐在研钵内研磨后倒掉,再用水洗
被有机物染色的比色皿	用体积比为1∶2的盐酸-酒精液处理
银迹、铜迹	硝酸
碘迹	用KI溶液浸泡,或用温热的稀 NaOH 或 $Na_2S_2O_3$ 溶液处理

除了上述清洗方法外,现在还有先进的超声波清洗器。只要将用过的仪器放在配有合适洗涤剂的溶液中,接通电源,利用声波产生的振动,就可将仪器清洗干净,既省时又方便。

(4)洗净标准。将洗涤过的仪器倒置、空净水,若洗涤干净,器壁上的水应均匀分布不挂水珠,如还挂有水珠,说明未洗净需要重新洗涤,直至符合要求。用蒸馏水冲洗时,要用顺壁冲洗方法并充分振荡,经蒸馏水冲洗后的仪器,用指示剂检查应为中性。凡洗净的仪器,不要用布或软纸擦干,以免使布上或纸上的少量纤维留在容器上反而玷污了仪器。

2. 玻璃仪器的干燥方法

在化学实验中,往往需要用干燥的仪器,因此在仪器洗净后,还应进行干燥。下面介绍几种简单的干燥仪器的方法。

(1)晾干。不急用的仪器,应尽量采用晾干法在实验前使仪器干燥。可将洗涤干净的仪器先尽量倒净其中的水滴,然后置于安装有木钉的架子或带有透气孔的玻璃柜中晾干。

(2)烘干。烘干一般用带鼓风机的电热恒温烘箱。烘箱主要用来干燥玻璃仪器或烘干无腐蚀性、热稳定性比较好的药品。挥发性易燃品或刚用酒精、丙酮淋洗过的仪器切勿放入烘箱内,以免发生爆炸。一般烘干时,烘箱温度保持在100~120℃,鼓风可以加速仪器的干燥。仪器放入前要尽量倒净其中的水。仪器放入时口应朝上。用坩埚钳把已烘干的仪器取出来,放在石棉板上冷却。注意:别让烘得很热的仪器骤然碰到冷水或冷的金属表面,以免炸裂。厚壁仪器和量筒、吸滤瓶、冷凝管等,不宜在烘箱中烘干。分液漏斗和滴液漏斗,则必须在拔去盖子和旋塞并擦去油脂后,才能放入烘箱烘干。

(3)吹干。吹干就是用热或冷的空气流将玻璃仪器干燥,常用的工具是电吹风机或"玻璃仪器气流干燥器"。将洗净仪器残留的水分甩尽,将仪器套到气流干燥器的多孔金属管上即可。使用时要注意调节热空气的温度。气流干燥器不宜长时间连续使用,否则易烧坏电机和电热丝。

(4)烤干。可根据不同的仪器选用不同的烤干设备,实验室常用的烤干设备有煤气灯、酒精灯和电炉等。烧杯、蒸发皿可置于石棉网上用小火烤干,烤前应先擦干仪器外壁的水珠。试管烤干时应使试管口向下倾斜,以免水珠倒流炸裂试管。烤干时,应先从试管底部开始,慢慢移向管口,不见水珠后再将管口朝上,把水气赶尽。

(5)用有机溶剂润洗后干燥。对于急于干燥的仪器或不适于放入烘箱的较大的仪器可采用此法。通常用少量乙醇、丙酮(或最后再用乙醚)倒入已控去水分的仪器中摇洗,然后用电吹风机吹,开始用冷风吹 1~2 min,在大部分溶剂挥发后吹入热风至完全干燥,再用冷风吹去残余蒸汽,不使其又冷凝在容器内。用过的溶剂应倒入回收瓶中。

带有刻度的计量仪器(如移液管、容量瓶、滴定管)等,不宜用加热的方法干燥,原因是热胀冷缩会影响这些仪器的精密度。

第四节 化学试剂与溶液的配制

一、试剂的规格

根据国家标准,化学试剂按其纯度和杂质含量的高低,可分为四种等级,其级别代号、规格标志及适用范围见表 1-2。

表 1-2 化学试剂的级别

级别	一级	二级	三级	四级	
名称	保证试剂 优级纯	分析试剂 分析纯	化学纯	实验试剂	生物试剂
英文缩写	G. R.	A. R.	C. P.	L. R.	B. R.
瓶签颜色	绿	红	蓝	棕或黄	黄或其他色

一级(优级纯)试剂,杂质含量最低,纯度最高,适用于精密的分析及研究工作;二级(分析纯)及三级(化学纯)试剂,适用于一般的分析研究及教学实验工作;四级(实验试剂)试剂,杂质含量较高,纯度较低,只能用于一般性的化学实验及教学工作,常作为辅助试剂(如发生或吸收气体,配制洗液等)使用。

除上述四种级别的试剂外,还有适合某一方面需要的特殊规格试剂,如基准试剂,它的纯度相当于或高于保证试剂,是定量分析中用于标定标准溶液的基准物质,一般可直接溶解得到滴定液,不需要标定;生化试剂则用于各种生物化学实验;另外还有高纯试剂,它又细分为高纯、超纯、光谱纯试剂等。此外,还有工业生产中大量使用的化学工业品(也分为一级品、二级品)以及可供食用的食品级产品等。各种级别的试剂及工业品因纯度不同价格相差很大,所以使用时,在满足实验要求的前提下,应考虑节约的原则,尽量选用较低级别的试剂。

二、试剂的存放

化学试剂的贮存在实验室中是一项十分重要的工作,一般化学试剂应贮存在通风良好、干净和干燥的房间，要远离火源，并要注意防止水分、灰尘和其他物质的污染。同时，还要根据试剂的性质及方便取用原则来存放试剂，固体试剂一般存放在易于取用的广口瓶内，液体试剂则存放在细口瓶中，一些用量小而使用频繁的试剂（如指示剂、定性分析试剂等）可盛装在滴瓶中，见光易分解的试剂（如 $AgNO_3$、$KMnO_4$、饱和氯水等）应装在棕色瓶中。对于 H_2O_2，虽然它也是见光易分解的物质，但不能盛放在棕色的玻璃瓶中，是因棕色玻璃中含有催化分解 H_2O_2 的重金属氧化物，通常将 H_2O_2 存放于不透明的塑料瓶中，并置于阴凉的暗处。试剂瓶的瓶盖一般都是磨口的，密封性好，可使长时间保存的试剂不变质。但盛强碱性试剂（如 NaOH 和 KOH 等）及 Na_2SiO_3 溶液的瓶塞应换成橡皮塞，以免长期放置互相粘连。易腐蚀玻璃的试剂（氟化物等）应保存于塑料瓶中。

特种试剂应采取特殊贮存方法。如易受热分解的试剂，必须存放在冰箱中；易吸湿或易氧化的试剂则应贮存于干燥器中；金属钠浸在煤油中；白磷要浸在水中；吸水性强的试剂如无水碳酸盐、苛性钠、过氧化钠等应严格用蜡密封。

对于易燃、易爆、强腐蚀性、强氧化性及剧毒品的存放应特别加以注意，一般需要分类单独存放。强氧化剂要与易燃、可燃物分开隔离存放；低沸点的易燃液体要放在阴凉通风处，并与其他可燃物和易产生火花的物品隔离放置，更要远离火源。闪点在 −4℃ 以下的液体（如石油醚、苯、丙酮和乙醚等）理想的存放温度为 −4～4℃，闪点在 25℃ 以下的液体（如甲苯、乙醇和吡啶等）存放温度不得超过 30℃。

盛装试剂的试剂瓶都应贴上标签，并写明试剂的名称、纯度、浓度和配制日期，标签外应涂蜡或用透明胶带等保护。

三、试剂的取用方法

1. 试剂取用的一般规则

试剂取用原则是既要质量准确又必须保证试剂的纯度，具体如下：

（1）取用试剂应先看清标签，不能取错。取用时，将瓶塞反放在实验台上，若瓶塞顶端不是平的，可放在洁净的表面皿上。

（2）不能用手和不洁净的工具接触试剂。瓶塞、药匙、滴管都不得串用。

（3）应根据用量取用试剂。取出的多余试剂不得倒回原瓶，以防玷污整瓶试剂。对确认可以再用的（或另作他用的）要另用清洁容器回收。

（4）每次取用试剂后都应立即盖好瓶盖，并把试剂放回原处，务使标签朝外。

（5）取用试剂时，转移的次数越少越好。

（6）取用易挥发的试剂，应在通风橱中操作，防止污染室内空气。有毒药品要在教师指导下按规程使用。

2. 固体药品的取用（见图 1－12）

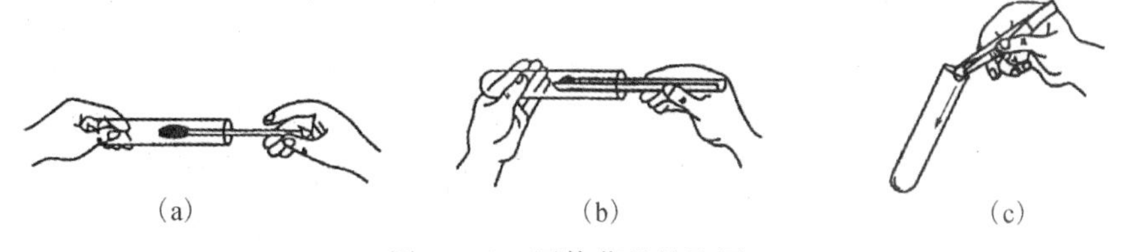

(a)　(b)　(c)

图 1－12　固体药品的取用

(a) 用药匙送固体药品；(b) 用纸舟送固体药品；(c) 用镊子夹取固体药品

(1)取用固体药品一般用干净的药匙(牛角匙、不锈钢药匙、塑料匙等),使用时要专匙专用。固体药品取用后,要立即把瓶塞盖好,把药匙洗净、晾干,下次再用。

(2)要严格按量取用固体药品,“少量”固体药品对一般常量实验指半个黄豆粒大小的体积,对微型实验约为常量的1/5~1/10(体积)。注意:不要多取。多取的固体药品,不能倒回原瓶,可放在指定的容器中供他用。

(3)定量固体药品要称量,一般固体药品可以放在称量纸上称量,对于具有腐蚀性、强氧化性、易潮解的固体药品要用小烧杯、称量瓶、表面皿等装载后进行称量。不准使用滤纸来盛放称量物。颗粒较大的固体药品应在研钵中研碎后再称量。可根据称量精确度的要求,分别选择台秤和天平称量固体药品。

(4)要把固体药品装入口径小的试管中时,应把试管平卧,小心地把盛固体药品的药匙放入底部,以免固体药品黏附在试管内壁上。也可先用一窄纸条做成“小纸舟”,用药匙将固体药品放在纸舟上,然后将装有固体药品的小舟送入平卧的试管里,再把小舟和试管竖立起来,并用手指轻轻弹槽,让固体药品慢慢滑入试管底部。

(5)要用镊子夹取取用大块固体药品或金属颗粒。先把容器平卧,再用镊子将固体药品放在容器口,然后慢慢将容器竖起,让固体药品沿着容器壁慢慢滑到底部,以免击破容器。对试管而言,也可将试管斜放,让固体药品沿着试管壁慢慢滑到底部。

3. 液体试剂的取用(见图1-13)

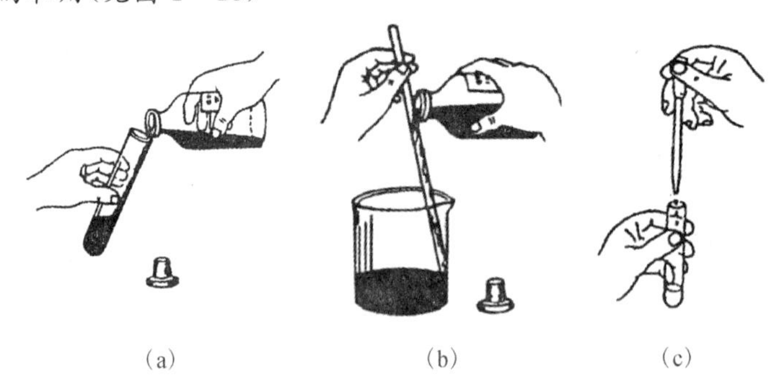

图1-13 液体试剂取用方法

(a)往试管中倾倒液体试剂;(b)往烧杯中倾倒液体试剂;(c)用胶头滴管滴加少量液体试剂

(1)大量液体试剂的取用。取用大量液体试剂,一般采用倾倒法。把液体试剂移入试管的具体做法是:先取下瓶塞反放在桌面上或放在洁净的表面皿上,右手握持试剂瓶,使试剂瓶上的标签向着手心(如果是双标签则要放在两侧),以免瓶口残留的少量液体试剂腐蚀标签。左手持试管,使试管口紧贴试剂瓶口,慢慢把液体试剂沿管壁倒入。倒出需要量后,将瓶口在容器上靠一下,再使瓶子竖直,这样可以避免遗留在瓶口的液体试剂沿瓶子外壁流下来。把液体试剂倒入烧杯时,可用玻璃棒引流,具体做法是:用右手握试剂瓶,左手拿玻璃棒,使玻璃棒的下端斜靠在烧杯中,将瓶口靠在玻璃棒上,使液体沿着玻璃棒流入烧杯中。

(2)少量液体试剂的取用。取用少量液体试剂通常使用胶头滴管。其具体做法是:先提起滴管,使管口离开液面,捏瘪胶帽以赶出空气,然后将管口插入液面吸取试剂。滴加液体试剂时,须用拇指、食指和中指夹住滴管,将它悬空地放在靠近试管口的上方滴加,滴管要垂直,这样滴入液体试剂的体积才能准确;绝对禁止将滴管伸进试管中或触及管壁,以免玷污滴管口,使滴瓶内试剂受到污染。滴管不能倒持,以防试剂腐蚀胶帽使试剂变质。滴完液体试剂后,滴管应立即插回，一个滴瓶上的滴管不能用来移取其他试剂瓶中的试剂，也不能随便拿别的滴管伸入试剂瓶中吸取试剂。如试剂瓶不带滴管又需取少量试剂，则可把试剂按需要量倒入小试管中，再用自己的滴管取用。

长时间不用的滴瓶，滴管有时与试剂瓶口粘连，不能直接提起滴管，这时可在瓶口处滴上2滴蒸馏水，让其润湿后再轻摇几下即可。

(3)定量取用液体试剂。在试管实验中经常要取"少量"液体试剂，这是一种估计体积，对常量实验是指0.5～1.0 mL，对微型实验一般指3～5滴，根据实验的要求灵活掌握。要学会估计1 mL液体试剂在试管中占的体积和由滴管滴加的滴数相当的毫升数。要准确量取溶液，则需根据准确度和量的要求，选用量筒、移液管或滴定管等量器。

四、试剂的称量

天平是化学实验室中最常用的称量仪器。天平的种类很多，按天平的平衡原理，可将天平分为杠杆式天平和电子天平两类；根据天平的精度，天平可分为常量、半微量和微量天平等。选用何种天平进行称量，需视实验时对称量的精度要求而定。托盘天平和电光天平是化学实验中最常用的称量仪器。

1. 台秤的使用

台秤(又叫托盘天平，见图1-14)常用于一般称量，台秤一般能称至0.1 g，用于对精度要求不高的称量或精密称量前的粗称。

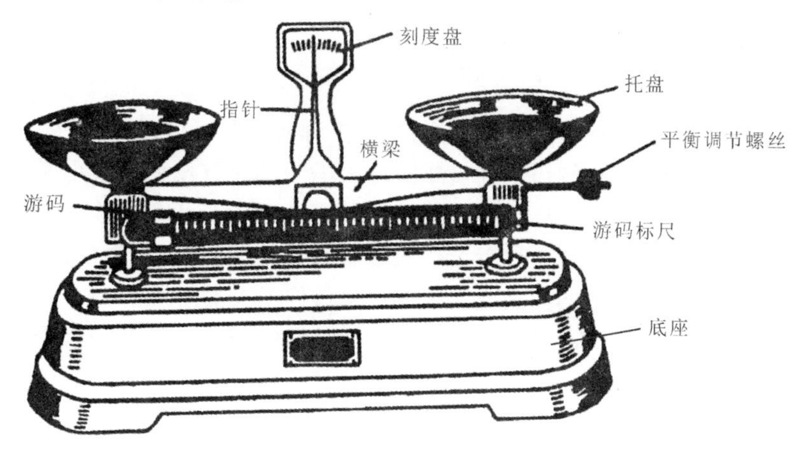

图1-14　台秤

(1)构造：台秤由横梁、托盘、指针、刻度盘、游码标尺、游码、平衡调节螺丝和底座组成。

(2)称量：称量物品前，要先调整台秤零点。将台秤游码拨到标尺"0"处，检查台秤指针是否停在刻度盘中间位置，若不在中间，可调节台秤托盘下侧的平衡调节螺丝。当指针在刻度盘中间位置左右摆动大致相等时，台秤处于平衡状态，停摇时，指针即可停在刻度盘中间。该位置即为台秤的零点。零点调好后方可称量物品。

称量时，左盘放被称物品，右盘放砝码(10 g或5 g以下的质量，可用游码)，用游码调节至指针正好停在刻度盘中间位置，此时台秤处于平衡状态，指针所停位置称为停点(零点与停点之间允许偏差1小格以内)，右盘上的砝码的质量与游码上的读数之和即为被称物的质量。

使用台秤应注意以下几点：不能称量热的物品；被称量物品不能直接放在台秤盘上，应放在称量纸、表面皿或其他容器中；吸湿性强或有腐蚀性的药品(如氢氧化钠)必须放在玻璃容器中快速称量;砝码只能放在台秤盘(大的放在中间、小的放在大的周围)和砝码盒里,必须用镊子夹取砝码;称量完毕立即将砝码放回砝码盒内,将游码拨到“0”位处,把托盘放在一侧或用橡皮圈将横梁固定,以免台秤摆动;保持台秤的整洁,托盘上不慎撒入药品或其他脏物时,应立即将其清除、擦净后,方能继续使用。

2.电子天平

通过电磁力矩的调节使物体在重力场中实现力矩平衡的天平称为电子天平(见图1-15)。电子天平是最新一代的天平,可直接称量,全量程不需砝码,放上被称物品后,在几秒钟内即可达到平衡。电子天平具有称量速度快、精度高、使用寿命长、性能稳定、操作简便和灵敏度高的特点,其应用越来越广泛,并逐步取代机械天平。

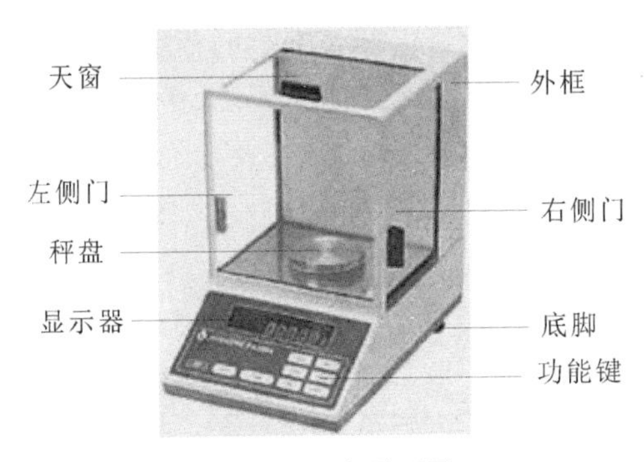

图1-15 电子天平

(1)结构。电子天平的外框为优质合金框架,上部有一个可以移动开的天窗,左、右各有一个可以移动开的侧门,天窗和侧门供称量或清理天平内部时方便使用。电子天平底座的下部有3个底脚(前1后2),是电子天平的支撑部件,同时也是电子天平的水平调节器。调节天平的水平时,旋动后面的底脚即可。秤盘由优质金属材料制成,是承受物品的装置,使用时要注意清洁,随时用毛刷除去洒落的药品或灰尘。水平仪位于天平侧门里左侧一角,用来指示天平是否处于水平状态。前部面板是功能键:ON—开机键;OFF—关机键;TAR—去皮或清零键;CAL—自动校准键。

(2)电子天平的使用方法。以FA2002N电子分析天平为例说明电子天平的使用方法。使用前,注意电子天平的称量范围(0~200 g)、去皮范围(0~200 g)、重复性误差(0.000 2 g)、自校砝码量值(200 g)。若长期未用(5天以上),使用时需预热3 h以上(通电即可)。本天平采用轻触按键,使用时只需轻轻按动即可。

使用方法如下:

1)先观察水平仪。如水泡偏移,需调节水平调节脚,使水泡位于水平仪中心。

2)开机。接通天平电源,开始通电工作,此时显示器未工作,通常需要预热以后,方可开启显示器进行操作使用。

3)键盘的操作功能如下:

<ON>:开启显示器键。轻按<ON>键,显示器全亮:

±	8888888	%
0		g

天平自动对显示器的功能进行自检查，约 2 s 后，显示天平的型号：

--2004--

然后是称量模式：

0.0000g

＜OFF＞：关闭显示器键。轻按＜OFF＞键，显示器熄灭，若要长时间不再使用天平，应拔去电源线。

＜TAR＞：清零、去皮键。置容器于秤盘上，显示出容器的质量：

18.9001g

然后轻按＜TAR＞键，显示消隐，随即出现全零状态，容器的质量值已去除，即去皮重：

0.0000g

当拿去容器，就出现容器质量的负值：

-18.9001g

再按＜TAR＞键，显示器为全零，即天平清零：

0.0000g

4)天平校准。因存放时间较长，位置移动，环境变化，或为获得精确测量，天平在使用前一般都应进行校准操作。

校准天平时，先取下秤盘上所有被称物，置 COU－0，UNT－g，INT－3，ASD－2 模式，轻按＜TAR＞键，天平清零。

轻按＜CAL＞键，当显示出现“CAL -”时，松手，显示器就出现“CAL - 200”，其中“200”为闪烁码，表示需要用 200 g 的标准砝码校准。此时，放上 200 g 标准校准砝码，显示器即出现等待状态“-------”，经几秒钟后，显示器出现“200. 000 g”。拿去校准砝码，显示器应出现“0. 000 g”，如果显示不为零，则再清零，再重复以上校准操作(最好反复进行两次校准操作)。屏幕显示出“CAL -””，表示正在进行校准。“CAL -”消失后，表示校准完毕，即可进行称量。校准顺序如下：

0.0000g	CAL-200	----------	200.000g	0.000g

5)称量时，打开电子天平侧门，将被称物品轻轻放在秤盘上，关闭侧门，待显示屏上的数字稳定并出现质量单位(g)后，即可读数(最好再等几秒钟)。轻按一下＜TAR＞键，天平将自动校对零点，然后逐渐加入待称物质，直到所需质量，显示屏所显示的数值即为所需物品的质量。

6)称量结束后应及时移去物品，关上侧门，切断电源，盖好天平罩。

(3)注意事项。电子天平应放置在牢固平稳的水泥台或木质台面上，室内要求清洁、干燥及较恒定的温度，同时应避免光线直接照射到天平上。称量时，应从侧门取放物质，读数时应关闭箱门，以免空气流动引起天平摆动。天窗仅在检修或清除残留物质时使用。若长时间不使用，则应定时通电预热，每周一次，每次预热 2 h，以确保仪器始终处于良好状态。天平内应放置吸潮剂(如硅胶)，当吸潮剂吸水变为红色时，应立即高温烘烤或更换，以确保干燥剂的吸湿性能。挥发性、腐蚀性、强酸强碱类物质应盛于带盖称量瓶内称量，防止腐蚀天平。

3.液体的取用

根据需要，可用量筒、移液管、容量瓶和滴定管等度量液体体积。要求准确移取一定体积溶液时，可用移液管、吸量管或滴定管。

(1)量筒。量筒是化学实验室中最常用的度量液体的仪器，多用来量取对体积精度要求不高的溶液或蒸馏水。量筒容量有 10 mL，25 mL，50 mL 和 100 mL 等，实验中可根据所取溶液的体积来选用。

(2)移液管和吸量管。移液管和吸量管是用于准确移取一定体积的液体量出式玻璃量器。中间有一膨大部分的管颈，上部刻有一条标线的是移液管，俗称胖肚吸管，管中流出的溶液的体积与管上所标明的体积相同；内径均匀，管上有分刻度的是吸量管，也称刻度吸管，吸量管一般只用于取小体积的溶液。吸量管因管上带有分度，可用来吸取不同体积的溶液，但准确度不如移液管。

(3)容量瓶。容量瓶是一种细颈梨形的平底瓶，配有磨口玻璃塞或塑料塞，容量瓶上标明使用的温度和容积，瓶颈上有刻度线。容量瓶是一种量入式的量器，主要用来配制准确浓度的溶液。

容量瓶在使用前应检查是否漏水，如漏水则不能使用。检查方法是：将水装至标线附近，盖好塞子，右手食指按住瓶盖，左手握住瓶底，将瓶倒置倒立 2 min，观察瓶塞周围有无漏水现象。如果不漏水，将瓶直立，转动瓶塞 180°后再试一次，仍不漏水，方可使用。容量瓶的塞子是配套使用的，为避免塞子打破或遗失，应用橡皮筋把塞子系在瓶颈上。

用容量瓶配制溶液时，如果是固体物质，应先将已准确称量的固体在烧杯内溶解，再将溶液转移到容量瓶中，转移溶液时用玻璃棒引流。用少量蒸馏水冲洗烧杯和玻璃棒几次，冲洗液也转入容量瓶中(见图 1-16)。然后慢慢往容量瓶中加入蒸馏水，至容量瓶容积的 3/4 左右时，将容量瓶沿水平方向摇转几圈，使溶液初步混匀。继续加水至标线下约 1 cm 处，稍停，待附在瓶颈上的水充分流下后，仔细地用滴管或洗瓶加水至弯月面的最下沿与标线相切(小心操作，切勿过标线)，塞好塞子。用一只手的食指按住瓶塞，其他 4 个手指拿住瓶颈，用另一只手的手指托住瓶底，将容量瓶倒置摇动，重复几次，使溶液混合均匀(见图 1-17)。如果固体是经过加热溶解的，则溶液需冷却后才能转入容量瓶内。如果是用已知准确浓度的浓溶液稀释成准确浓度的稀溶液，则可用移液管吸取一定体积的浓溶液于容量瓶中，然后按上述操作方法加水稀释至标线。

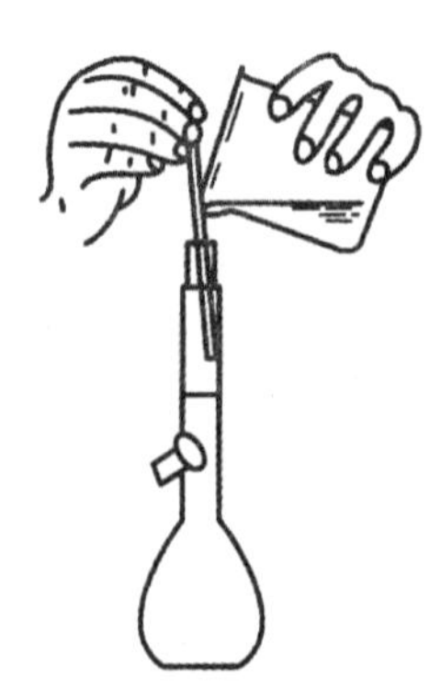

图 1-16　将溶液移入容量瓶

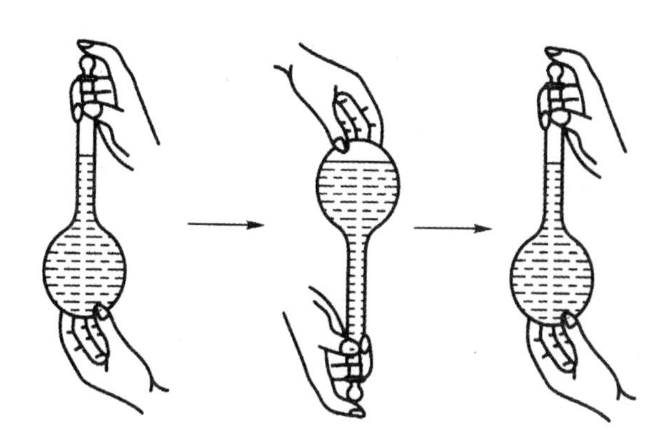

图 1－17　容量瓶的混匀操作

不宜在容量瓶内长期存放溶液(尤其是碱性溶液)。配好的溶液如需保存,应转移到试剂瓶中,该试剂瓶预先应经过干燥或用少量该溶液淌洗 2～3 次。容量瓶用毕后应立即用水冲洗干净。如长期不用,磨口处应洗净擦干,并用纸片将磨口隔开。温度对量器的容积有影响,使用时要注意溶液的温度、室温以及量器本身的温度。容量瓶不得在烘箱中烘烤,也不能用其他任何方法进行加热。

五、配制溶液

在化学实验中,常需配制各种溶液来满足不同实验的要求。如果实验对溶液浓度的准确性要求不高,一般利用台秤、量筒及带刻度烧杯等低准确度的仪器来粗配溶液即可满足要求;如果要求较高,则须使用移液管、分析天平等高准确度的仪器精确配制溶液。不论是哪种配制方法,都先要计算所需试剂的用量,然后再进行配制。

1.粗略配制溶液的方法

粗略配制溶液需先计算出配制溶液所需试剂用量,用台秤称取所需的固体试剂,加入带刻度烧杯中,加入少量蒸馏水搅拌使固体完全溶解后,冷却至室温,用蒸馏水稀释至刻度,即得所需浓度的溶液。也可将冷却至室温的溶液用玻璃棒移入量筒或量杯中,用少量蒸馏水洗涤烧杯和玻璃棒 2 ～ 3 次,洗涤液也移入量筒,再用蒸馏水定容。

若用液体试剂配制溶液,则先计算出所需液体试剂的体积,用量筒或量杯量取所需液体,倒入装有少量水的烧杯中混合,待溶液冷至室温,用蒸馏水稀释至刻度即可。配好的溶液不可在烧杯或量筒中久存,混合均匀后,要移入试剂瓶中,贴上标签备用。

2.精确配制溶液的方法

精确配制溶液也要先算出所需试剂用量,用分析天平(或电子天平)准确称取固体试剂,倒入烧杯中,加少量蒸馏水搅拌使完全溶解,冷至室温,将溶液移入容量瓶(与所配溶液体积相同)中,少量蒸馏水洗涤烧杯和玻璃棒 2 ～ 3 次,洗涤液也移入容量瓶,再加蒸馏水定容,摇匀溶液后,移入试剂瓶中,贴上标签备用。

用浓溶液稀释配制稀溶液时,先计算出所需液体试剂的体积,用移液管或吸量管直接将所需液体移入容量瓶中,然后按要求稀释定容即可。配好的溶液也要移入试剂瓶中保存。

配制饱和溶液时,应加入比计算量稍多的溶质,先加热使其完全溶解,然后冷却,待结晶析出后再用,这样可保证溶液饱和。配制易水解的盐溶液时,不能直接将盐溶解在水中,而应先溶解在相应的酸溶液或碱溶液中,然后再用蒸馏水稀释到所需的浓度,这样可防止水解。对于易氧化的低价金属盐类，不仅需要酸化溶液，而且应在溶液中加入少量相应的纯金属，以防低价金属离子被氧化。配好的溶液要保存在试剂瓶中，并贴好标签，注明溶液的浓度、名称以及配制日期。

第五节　物质的分离和提纯

在化学实验中，为了使反应物混合均匀、迅速进行反应，或提纯固体物质，常常将固体物质进行溶解。当液相反应生成难溶的新物质，或加入沉淀剂除去溶液中某种离子时，常常需要将所生成的沉淀物从液相中分离出来，并进行洗涤。因此，掌握固体的溶解、蒸发、结晶和固液分离方法是十分必要的。

一、固体溶解

将固体物质溶解于某一溶剂形成溶液称为溶解，它遵从相似相溶规律，即溶质在与它结构相似的溶剂中较易溶解。因此，溶解固体时，要根据固体物质的性质选择适当的溶剂，考虑到温度对物质溶解度及溶解速度的影响，可采用加热及搅拌等方法加速溶解。

固体溶解操作的一般步骤如下：

(1)研细固体。若待溶解固体极细或极易溶解，则不必研磨。易潮解及易风化固体不可研磨。

(2)加入溶剂。所加溶剂量应能使固体粉末完全溶解而又不致过量太多，必要时应根据固体的量及其在该温度下的溶解度计算或估算所需溶剂的量，再按量加入。

(3)搅拌溶解。搅拌可以使溶解速度加快。用玻璃棒搅拌时，应手持玻璃棒并转动手腕，用微力使玻璃棒在液体中均匀地转圈，使溶质和溶剂充分接触而加速溶解。搅拌时不可使玻璃棒碰在器壁上，以免损坏容器。

(4)加热(必要时)。加热一般可加速溶解过程，应根据物质对热的稳定性选用直接加热或水浴等间接加热方法。热解温度低于100℃的物质不宜直接加热。

二、蒸发和结晶

为使溶解在较大量溶剂中的溶质从溶液中分离出来，常采用蒸发浓缩和冷却结晶的方法。溶剂受热不断蒸发，当蒸发至溶质在溶液中处于过饱和状态时，经冷却便有结晶析出，经固液分离处理后得到该溶质的晶体。

蒸发皿具有大的蒸发表面，有利于液体的蒸发，故常压蒸发浓缩通常在蒸发皿中进行。蒸发时蒸发皿中的盛液量不应超过其容量的2/3，还应注意不要使瓷蒸发皿骤冷，以免炸裂。加热方式视被加热物质的热稳定性而定。对热稳定的无机物，可以直接加热，一般情况下采用水浴加热，水浴加热蒸发速度较慢，但蒸发过程易控制。

蒸发时，不宜把溶剂蒸干，少量溶剂的存在，可以使一些微量的杂质由于未达饱和而不致于析出，这样得到的结晶较为纯净。但不同物质其溶解度往往相差很大，所以控制好蒸发程度是非常重要的。对于溶解度随温度变化不大的物质，为了获得较多的晶体，应蒸发至有较多结晶析出，将溶液静置冷却至室温，便会得到大量的结晶和少量残液(母液)共存的混合物，经分离后得到所需的晶体；若物质在高温时溶解度很大而在低温时变小，一般蒸发至溶液表面出现晶膜(液面上有一层薄薄的晶体)，冷却即可析出晶体。某些结晶水合物在不同温度下析出时所带结晶水数目不同，制备此类化合物时应注意要满足其结晶水条件。

向过饱和溶液中加入一小粒晶体(称为“晶种”)，或者用玻璃棒摩擦器壁，可加速晶体析出。析出晶体的颗粒大小与结晶条件有关。如果溶液浓度高、冷却速度快并加以搅拌，则会析出细小晶体。这是由于短时间内产生了大量的晶核，晶核形成速度大于晶体的生长速度。而浓度较低或静置溶液并缓慢冷却则有利于大晶体生成。从纯度上看，大晶体由于结晶完美，表面积小，夹带的母液少，并易于洗净，因此纯度较高。

为了得到纯度更高的物质，可将第一次结晶得到的晶体加入适量的蒸馏水（水量为在加热温度下固体刚好完全溶解）加热溶解后，趁热将其中的不溶物滤除，然后再次进行蒸发、结晶。这种操作叫作重结晶。根据纯度要求可以进行多次结晶。在重结晶操作中，为避免所需溶质损失过多，结晶析出后残存的母液不宜过多，在少量的母液中，只有微量存在的杂质才不至于达到饱和状态而随同结晶析出。因此，杂质含量较高的样品，直接用重结晶的方法进行纯化往往达不到预期的效果。一般认为，杂质含量高于 5%的样品，必须采用其他方法进行初步提纯后，再进行重结晶。

三、固液分离

溶液和沉淀的分离方法有三种：倾析法、过滤法和离心分离法。应根据沉淀的形状、性质及数量，选用合适的分离方法。下面仅介绍倾析法和过滤法。

1. 倾析法

此法适用于相对密度较大的沉淀或大颗粒晶体等静置后能较快沉降的固体的固液分离。

倾析法分离的操作方法是：先将待分离的物料置于烧杯中，静置，待固体沉降完全后，将玻璃棒横放在烧杯嘴，小心沿玻璃棒将上层清液缓慢倾入另一烧杯内（见图 1－18），残液要尽量倾出，使沉淀与溶液分离完全。留在杯底的固体还黏附着残液，要用洗涤液洗涤除去。洗涤时，先洗玻璃棒，再洗烧杯壁，将上面黏附的固体冲至杯底，搅拌均匀后，再重复上述静置沉降再倾析的操作，反复几次（一般 2～3 次即可），直至洗涤干净符合要求为止。洗涤液一般用量不宜过多。

图 1－18　倾析法分离固体

2. 过滤法

过滤是最常用的固液分离方法之一。过滤时，沉淀和溶液经过过滤器，沉淀留在过滤器上，溶液则通过过滤器而进入接受容器中，所得溶液称为滤液。常用的过滤方法有常压过滤（普通过滤）法、减压过滤（抽滤）法和热过滤法 3 种。能将固体截留住只让溶液通过的材料除了滤纸之外，还有其他一些纤维状物质以及特制的微孔玻璃漏斗等。下面仅介绍最常用的滤纸过滤法。

（1）常压过滤法。此法较为简单、常用，使用玻璃漏斗和滤纸进行。当沉淀物为胶体或细小晶体时，用此方法过滤较好，其缺点是过滤速度较慢。

1)漏斗的选择:漏斗多为玻璃的,也有搪瓷的,通常分为长颈和短颈两种。玻璃漏斗锥体的角度为60°,颈直径通常为3～5 mm,若太粗,不易保留水柱。普通漏斗的规格按斗径(深)划分,常用有30 mm,40 mm,60 mm,100 mm和120 mm等几种,选用的漏斗大小应以能容纳沉淀量为宜。若过滤后欲获取滤液,应按滤液的体积选择斗径大小适当的漏斗。在质量分析时,必须用长颈漏斗。

2)滤纸的选择:滤纸有定性滤纸和定量滤纸两种,除了做沉淀的质量分析外,一般选用定性滤纸。滤纸按孔隙大小又分为快速、中速、慢速三种,按直径大小分为7 cm,9 cm,12.5 cm和15 cm等几种。应根据沉淀的性质选择滤纸的类型:细晶形沉淀,应选用慢速滤纸;粗晶形沉淀,宜选用中速滤纸;胶状沉淀,需选用快速滤纸。根据沉淀量的多少选择滤纸的大小,一般要求沉淀的总体积不得超过滤纸锥体高度的1/3。滤纸的大小还应与漏斗的大小相适应,一般滤纸上沿应低于漏斗上沿0.5～1 cm 。

3)滤纸的折叠与放置(见图1-19):折叠滤纸前应先把手洗净擦干。选取一合适大小的圆形滤纸对折两次(方形滤纸需剪成扇形),折痕不要压死,展开后成圆锥形,内角成60°,恰好能与漏斗内壁密合。如果漏斗的角度大于或小于60°,则应适当改变滤纸折成的角度使之与漏斗壁密合。折叠好的滤纸还要在3层纸那边将外面2层撕去1个小角,以保证滤纸上沿能与漏斗壁密合而无气泡。

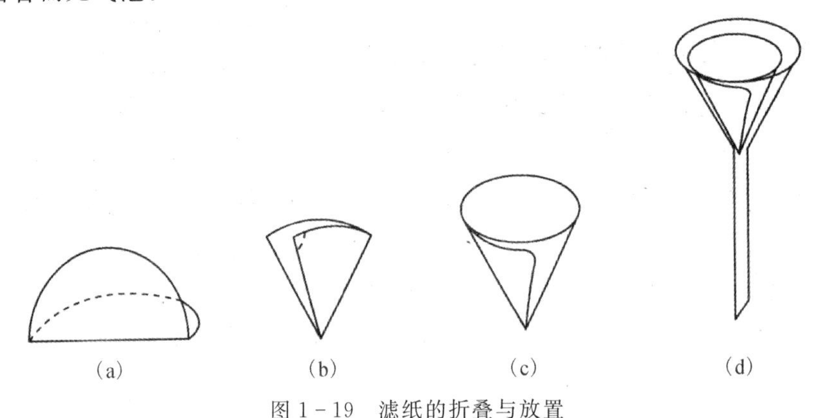

图1-19 滤纸的折叠与放置

(a) 对折;(b) 再对折,撕去一角;(c) 做成圆锥体型;(d) 放入漏斗中,使之紧贴在漏斗内壁

放置时,用食指将滤纸按在漏斗内壁上,用少量蒸馏水润湿滤纸,用玻璃棒轻压滤纸四周,赶去滤纸与漏斗壁间的气泡,务必使滤纸紧贴在漏斗壁上。为加快过滤速度,应使漏斗颈部形成完整的水柱。为此,加蒸馏水至滤纸边缘,让水全部流下,漏斗颈部内应全部充满水。若未形成完整的水柱,可用手指堵住漏斗下口。稍掀起滤纸的一边用洗瓶向滤纸和漏斗空隙处加水,使漏斗和锥体被水充满,轻压滤纸边,放开堵住漏斗口的手指,即可形成水柱。

4)过滤操作[见图1-20(a)]:将准备好的漏斗放在漏斗架或铁圈上,下面放一洁净容器承接滤液,调整漏斗架或铁圈高度,使漏斗管斜口尖端一边紧靠接受容器内壁。为避免滤纸孔隙过早被堵塞,过滤时先滤上部清液,后转移沉淀,这样可加快整个过滤的速度。过滤时,应使玻璃棒下端与3层滤纸处接触,将待分离的液体沿玻璃棒注入漏斗,漏斗中的液面高度应略低于滤纸边缘(0.5～1 cm)。待溶液转移完毕后,再往盛有沉淀的容器中加入少量洗涤剂充分搅拌后,将上清液倒入漏斗过滤,如此重复洗涤2～3遍,最后将沉淀转移到滤纸上。

5)沉淀的洗涤:将沉淀全部转移到滤纸上,待漏斗中的溶液完全滤出后,为除去沉淀表面吸附的杂质和残留的母液,仍需在滤纸上洗涤沉淀。其方法是:用洗瓶吹出少量水流,从滤纸边沿稍下部位开始,按螺旋形向下移动[见图 1-20(b)],洗涤滤纸上的沉淀和滤纸几次,并借此将沉淀集中到滤纸锥体的下部。洗涤时应注意,切勿使洗涤液突然冲在沉淀上,以免沉淀溅失。为了提高洗涤效率,每次使用少量洗涤液,洗后尽量滤干,多洗几次,该原则通常称为“少量多次”原则。

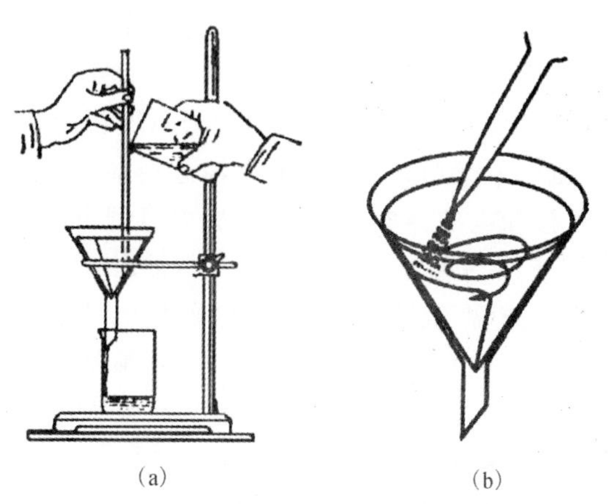

(a) (b)

图 1-20 常压过滤操作和沉淀的洗涤

(a) 过滤;(b) 洗涤

(2)减压过滤法。减压过滤可以加快过滤速度,沉淀也可以被抽吸得较为干燥,但不宜用于过滤胶状沉淀和颗粒太小的沉淀。因为胶状沉淀在快速过滤时易穿透滤纸,颗粒太小的沉淀物易在滤纸上形成密实的薄层,使得溶液不易透过。

减压过滤装置(见图 1-21)的主要部件包括抽滤瓶、布氏漏斗和抽气装置(包括安全阀、水泵和安全瓶等)。减压过滤需借助水泵或真空泵完成,它起着带走空气的作用,使抽滤瓶内减压,从而使布氏漏斗内的溶液因压力差而加快通过滤纸的速度。

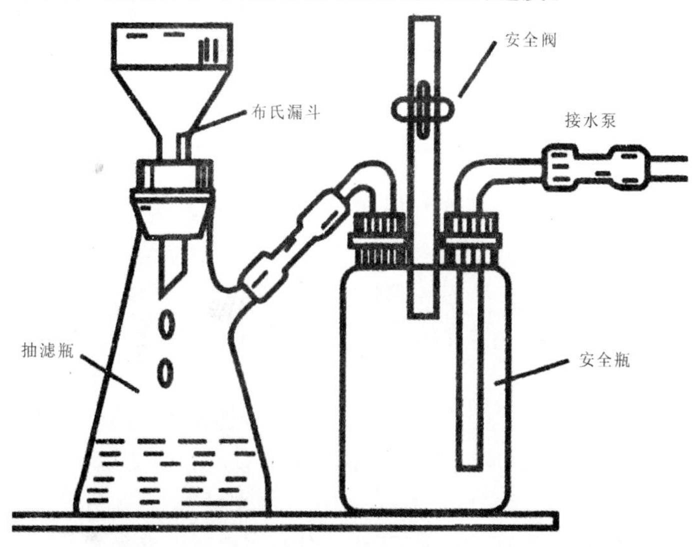

图 1-21 减压过滤装置

抽滤瓶用来承接滤液，其支管用耐压橡皮支管与抽气系统相连。布氏漏斗为瓷质漏斗，内有一多孔平板，漏斗颈插入单孔橡胶塞，与抽滤瓶相连。橡胶塞插入抽滤瓶内的部分不能超过塞子高度的2/3，还应注意漏斗颈下端的斜口要对着抽滤瓶的支管口。常在抽滤瓶和水泵之间安装一个安全瓶，以防止关闭水泵或水的流量突然变小时，由于抽滤瓶内压力低于外界大气压而使自来水反吸入抽滤瓶内，弄脏滤液。安装时要注意，安全瓶上长管和短管的连接顺序，不要接反。

减压过滤操作步骤及注意事项：①按图1-21装好仪器后，把滤纸平放入布氏漏斗内，滤纸应略小于漏斗的内径又能将全部小孔盖住为宜。用少量蒸馏水润湿滤纸后，打开水泵，抽气使滤纸紧贴在漏斗瓷板上。②用倾析法先转移溶液，溶液量不得超过漏斗容量的2/3。待溶液快流尽时再转移沉淀至滤纸的中间部分。抽滤时要注意观察抽滤瓶内液面高度，当液面快达到支管口位置时，应拔掉抽滤瓶上的橡皮管，从抽滤瓶上口倒出溶液，瓶的支管口只作连接调压装置用，不可从中倒出溶液，以免弄脏溶液。③洗涤沉淀时，应拔掉抽滤瓶上的橡皮管，用少量洗涤剂润湿沉淀，再接上橡皮管，继续抽滤，如此重复几次。④将沉淀尽量抽干，取下抽滤瓶，用手指或玻璃棒轻轻揭起滤纸边缘，取出滤纸和沉淀。滤液从抽滤瓶上口倒出。⑤抽滤完毕或中间需停止抽滤时，应特别注意需先拔掉连接抽滤瓶和水泵的橡胶管，然后关闭水泵，以防倒吸。⑥如果过滤的溶液具有强酸性或强氧化性，为了避免溶液破坏滤纸，此时可用玻璃纤维或玻璃砂芯漏斗等代替滤纸。由于碱易与玻璃作用，所以玻璃砂芯漏斗不宜过滤强碱性溶液。

第六节　实验误差及数据处理

化学实验中经常使用仪器对一些物理量进行测量，从而对系统中的某些化学性质和物理性质做出定量描述，以发现事物的客观规律。但实践证明，任何测量的结果都只能是相对准确的，或者说存在某种程度上的不可靠性，这种不可靠性称为实验误差。产生这种误差的原因，是因为测量仪器、方法、实验条件以及实验者本人不可避免地存在一定局限性。

对于不可避免的实验误差，实验者必须了解其产生的原因、性质及有关规律，从而在实验中设法控制和减小误差，并对测量的结果进行适当处理，使其达到可以接受的程度。

一、误差及其表示方法

1.准确度和误差

(1)准确度和误差的定义。准确度是指某一测定值与“真实值”接近的程度。误差一般以 E 表示，表达式为

$$E=\text{测定值}-\text{真实值}$$

当测定值大于真实值时，E 为正值，说明测定结果偏高；反之，E 为负值，说明测定结果偏低。误差越大，准确度就越差。

实际上，绝对准确的实验结果是无法得到的。化学研究中的真实值是指由有经验的研究人员用可靠的测定方法进行多次平行测定得到的平均值。以此作为真实值，或者以公认的手册上的数据作为真实值。

(2)绝对误差和相对误差。误差可以用绝对误差和相对误差来表示。

绝对误差表示实验测定值与真实值之差。它具有与测定值相同的量纲，如g，mL和%等。

例如，对于质量为 0.100 0 g 的某一物体，在分析天平上称得其质量为 0.100 1 g，则称量的绝对误差为＋0.000 1 g。

只用绝对误差不能说明测量结果与真实值接近的程度。分析误差时，除了考虑绝对误差的大小外，还必须顾及量值本身的大小，这就是相对误差。

相对误差是绝对误差与真实值的商，表示误差在真实值中所占的比例，常用百分数表示。由于相对误差是比值，所以是量纲为 1 的量。

例如某物的真实质量为 42.513 2 g，测得值为 42.513 3 g，则

$$\text{绝对误差}=42.513\,3\text{g}-42.513\,2\text{g}=0.000\,1\text{ g}$$

$$\text{相对误差}=\frac{42.513\,3\text{g}-42.513\,2\text{g}}{42.513\,2\text{g}}\times100\%=0.000\,2\%$$

而对于 0.100 0 g 物体称量得 0.100 1 g，其绝对误差也是 0.000 1 g，但相对误差为

$$\text{相对误差}=\frac{0.100\,1\text{g}-0.100\,0\text{g}}{0.100\,0\text{g}}\times100\%=0.1\%$$

可见，上述两种物体称量的绝对误差虽然相同，但被称物体质量不同，相对误差即误差在被测物体质量中所占比例并不相同。显然，当绝对误差相同时，被测量的量越大，相对误差越小，测量的准确度越高。

2.精密度和偏差

精密度是指在同一条件下，对同一样品平行测定而获得一组测量值相互之间彼此一致的程度。常用重复性表示同一实验人员在同一条件下所得测量结果的精密度，用再现性表示不同实验人员之间或不同实验室在各自的条件下所得测量结果的精密度。

精密度可用各类偏差来量度。偏差越小，说明测定结果的精密度越高，偏差不计正负号。偏差可分为绝对偏差和相对偏差，其表达式为

$$\text{绝对偏差}=\text{个别测得值}-\text{测得平均值}$$

$$\text{相对偏差}(\%)=\text{绝对偏差}/\text{平均值}\times100$$

3.误差分类

按照误差产生的原因及性质，可分为系统误差和随机误差。

(1)系统误差。系统误差是由某些固定的原因造成的，使测量结果总是偏高或偏低。例如，实验方法不够完善、仪器不够精确、试剂不够纯以及测量者个人的习惯、仪器使用的理想环境达不到要求等等因素。系统误差的特征是：①单向性，即误差的符号及大小恒定或按一定规律变化；②系统性，即在相同条件下重复测量时，误差会重复出现，因此一般系统误差可进行校正或设法予以消除。

常见的系统误差主要分为：①由测量仪器引起的仪器误差，例如，移液管、滴定管、容量瓶等玻璃仪器的实际容积和标称容积不符，试剂不纯或天平失于校准(如不等臂性和灵敏度欠佳)造成的系统误差；②由测试方法不完善造成的方法误差，其中有化学和物理化学方面的原因，常常难以发现，是一种影响最为严重的系统误差；③由操作者本身的一些主观因素造成的个人误差，例如，在读取仪器刻度值时，有的偏高，有的偏低，这种误差常常容易造成单向的系统误差。

(2)随机误差。随机误差又称偶然误差。它指同一操作者在同一条件下对同一量进行多次测定，而结果不尽相同，以一种不可预测的方式变化着的误差。它是由一些随机的偶然误差

造成的，产生的直接原因往往难于发现和控制。随机误差有时正、有时负，数值有时大、有时小，因此又称不定误差。在各种测量中，随机误差总是不可避免地存在，并且不可能加以消除，它构成了测量的最终限制。常见的随机误差有：①用内插法估计仪器最小分度以下的读数难以完全相同；②在测量过程中环境条件的改变，如压力、温度的变化，机械振动和磁场的干扰等；③仪器中的某些活动部件变化，如温度计、压力计中的水银，电流表电子仪器中的指针和游丝等在重复测量中出现的微小变化；④操作人员对各份试样处理时的微小差别等。

随机误差对测定结果的影响，通常服从统计规律，因此，可以采用在相同条件下多次测定同一量，再求其算术平均值的方法来克服。

(3)过失误差。由于操作者的疏忽大意，没有完全按照操作规程实验等原因造成的误差称为过失误差，这种误差使测量结果与事实明显不合，有大的偏离且无规律可循。含有过失误差的测量值，不能作为一次实验值引入平均值的计算。这种过失误差，需要加强责任心、仔细工作来避免。判断是否发生过失误差必须慎重，应有充分的依据，最好重复这个实验来检查，如果经过细致实验后仍然出现这个数据，则要根据已有的科学知识判断是否有新的问题，或者有新的发展。这在实践中是常有的事。

(4)准确度和精密度的比较。我们已经了解到准确度和精密度是两个完全不同的概念。它们既有区别，又有联系(见图1-22)。图1-22中甲测量的精密度很高，但平均值与真实值相差很大，说明准确度低；乙测量的准确度很高，但不可信，因为精密度太差；丙的精密度和准确度都不高；只有丁的测量结果的精密度和准确度都很高。因此，一系列测量的算术平均值通常并不能代表所要测量的真实值，两者可能有相当大的差异。总之，准确度表示测量的正确性，而精密度则表示测量的重现性。

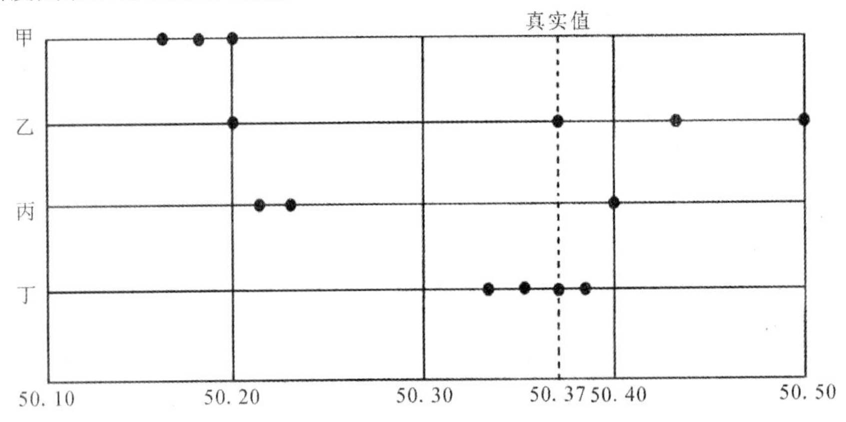

图1-22　精密度与准确值的关系

甲：精密度较好，准确度很差；乙：精密度较好，准确度较差；丙：精密度和准确度都很差；丁：准确度和精密度均较好

二、有效数字及其运算规则

科学实验要得到准确的结果，不仅要求正确地选用实验方法和实验仪器测定各种量的数值，而且要求正确地记录和运算。实验所获得的数值，不仅表示某个量的大小，还应反映测量这个量的准确程度。一般地，任何一种仪器标尺读数的最低一位，应该用内插法估计到两刻度线之间间距的1/10。因此，实验中各种量应采用几位数字，运算结果应保留几位数字都是很严格的，不能随意增减和书写。实验数值表示的正确与否，直接关系到实验的最终结果是否正

确以及它们是否合理。

1. 有效数字

在不表示测量准确度的情况下，表示某一测量值所需要的最少位数的数字即称为有效数字。换句话说，有效数字就是实验中实际能够测出的数字，其中包括若干个准确的数字和一个（只能是最后一个）不准确的数字。

有效数字的位数取决于测量仪器的精确程度。例如，用最小刻度为 1 mL 的量筒测量溶液的体积为 10.5 mL，其中 10 是准确的，0.5 是估计的，有效数字是 3 位。如果要用精度为 0.1 mL 的滴定管来量度同一液体，读数可能是 10.52 mL，其有效数字为 4 位，小数点后第二位 0.02 才是估计值。

有效数字的位数还反映了测量的误差，若某铜片在分析天平上称量得 0.500 0 g，则表示该铜片的实际质量在 0.500 0 g ± 0.000 1 g 范围内，测量的相对误差为 0.02%，若记为 0.500 g，则表示该铜片的实际质量在 0.500 g ± 0.001 g 范围内，测量的相对误差为 0.2%，准确度比前者低了一个数量级。

有效数字的位数是整数部分和小数部分位数的组合，可以通过表 1-3 中的数字来说明。

表 1-3　有效数字写法与有效位数的关系

数字	0.003 2	81.32	4.025	5.000	6.00%	7.35×10^{25}	5000
有效数字位数	2 位	4 位	4 位	4 位	3 位	3 位	不确定

从上面几个数中以看到，“0”在数字中可以是有效数字，但也可以不是。当“0”在数字中间或有小数的数字之后时都是有效的数字，如果“0”在数字的前面，则只起定位作用，不是有效数字。但像 5000 这样的数字，有效数字位数不好确定，应根据实际测定的精确程度来表示，可写成 5×10^3，5.0×10^3，5.00×10^3 等。

对于 pH，lg$K$ 等对数值的有效数字位数仅由小数点后的位数确定，整数部分只说明这个数的方次，只起定位作用，不是有效数字，如 pH＝3.48，有效数字是 2 位而不是 3 位。

2. 有效数字的运算规则

在计算一些有效数字位数不相同的数时，按有效数字运算规则计算，可节省时间，减少错误，保证数据的准确度。

(1)加减运算。加减运算结果的有效数字的位数，应以运算数字中小数点后位数最少的数为准。计算时可先不管有效数字直接进行加减运算，运算结果再按数字中小数点后位数最少的数做四舍五入处理，例如，0.764 3，25.42，2.356 三数相加，则

$$0.764\,3+25.42+2.356=28.540\,3 \Rightarrow 28.54$$

也可以先按四舍五入的原则，以小数点后位数最少的数为标准处理各数据，使小数点后有效数字位数相同，然后再计算，如上例为

$$0.76+25.42+2.36=28.54$$

因为在 25.42 中精确度只到小数点后第二位，即在 25.42 ± 0.01，所以其余的数再精确到第三位、第四位就无意义了。

(2)乘除运算。几个数相乘或相除时所得结果的有效数字位数应与各数中有效数字位数最少者相同，跟小数点的位置或小数点后的位数无关。例如，0.98 与 1.644 相乘：

$$
\begin{array}{r}
1.644 \\
0.98 \\
\hline
13152 \\
14796 \\
\hline
1.\underline{6}\,\underline{1}\,\underline{1}\,\underline{1}\,\underline{2}
\end{array}
$$

下画“－”的数字是不准确的，故得数应为1.6。计算时可以先四舍五入后计算，但在几个数连乘或除运算中，在取舍时应保留比最少位数多一位数字的数来运算，如0.98，1.644，64.4三个数字连乘应为

$$0.98\times1.64\times64.4=74.57\Rightarrow75$$

先算后取舍为

$$0.98\times1.644\times46.4=74.76\Rightarrow75$$

两者结果不一致，若只取最少位数的数相乘则为

$$0.98\times1.6\times46=7213\Rightarrow72$$

这样计算结果误差扩大了。当然，如果在连乘、除的数中被取或舍的数离“5”较远，或有的数收，有的数舍，也可取最少位数的有效数字简化后再运算，如

$$0.121\times23.64\times1.0578=3.025\ 773\ 4\Rightarrow3.03$$

若简化后再运算：

$$0.121\times23.6\times1.06=2.86\times1.06=3.03$$

(3)对数运算。在进行对数运算时，所取对数位数应与真数的有效数字位数相同。

例如

$$\lg(1.35\times10^5)=5.13$$

三、实验数据的处理

1.表达实验数据

化学数据的表达方法主要有列表法和作图法。

(1)列表法。

这是表达实验数据最常用的方法之一。将各种实验数据列入一种设计得体、形式紧凑的表格内，可起到化繁为简的作用，有利于对获得实验结果进行相互比较，有利于分析和阐明某些实验结果的规律性。

设计数据表总的原则是简单明了。列表时要注意以下几个问题：

1)正确地确定自变量和因变量。一般先列自变量，再列因变量，将数据一一对应地列出。不要将毫不干时数据列在一张表内。

2)表格应有序号和简明完备的名称，使人一目了然，一见便知其内容。如实在无法表达时，也可在表名下用不同字体作简要说明，或在表格下方用附注加以说明。

3)习惯上表格的横排称为“行”，竖行称为“列”，即“横行竖列”，自上而下为第1，2，…行，自左向右为第1，2，…列。变量可根据其内涵安排在列首（表格顶端）或行首（表格左侧），称为“表头”，应包括变量名称及量的单位。凡有国际通用代号或为大多数读者熟知的，应尽量采用代号，以使表头简洁醒目，但切勿将量的名称和单位的代号相混淆。

4)表中同一列数据的小数点对齐，数据按自变量递增或递减的次序排列，以便显示出变化规律。如果表列值是特大或特小的数时，可用科学表示法表示。若各数据的数量级相同时，为简便起见，可将10的指数写在表头中量的名称旁边或单位旁边。

(2)作图法。

作图是根据实验原始数据画出合适的曲线(或直线),从而形象直观、准确地表现出实验数据的特点、关系和变化规律,如极大、极小和转折点等,并能够进一步求解,获得斜率、截距、外推值、内插值等。因此,作图法是一种十分有用的实验数据处理方法。

作图法也存在作图误差,若要获得良好的图解效果,先是要获得高质量的图形。因此,作图技的好坏直接影响实验结果的准确性。下面就作图法处理数据的一般步骤和作图技术做简要介绍。

1)正确选择坐标轴和比例尺。作图必须在坐标纸上完成。坐标轴的选择和坐标分度比例的选择对获得一幅良好的图形十分重要,一般应注意以下几点:①以自变量为横轴,因变量为纵轴,横纵坐标原点不一定从零开始,而视具体情况确定。坐标轴应注明所代表的变量的名称和单位。②坐标的比例和分度应与实验测量的精度一致,并全部用有效数字表示,不能过分夸大或缩小坐标的作图精确度。③坐标纸每小格所对应的数值应能迅速、方便地读出和计算。一般多采用 1,2,5 或 10 的倍数,而不采用 3,6,7 或 9 的倍数。④实验数据各点应尽量分散、匀称地分布在全图,不要使数据点过分集中于某一区域,当图形为直线时,应尽可能使直线的斜率接近于 1,使直线与横坐标夹角接近 45°,角度过大或过小都会造成较大的误差(见图 1-23)。⑤图形的长、宽比例要适当,最高不要超过 3/2,以力求表现出极大值、极小值、转折点等曲线的特殊性质。

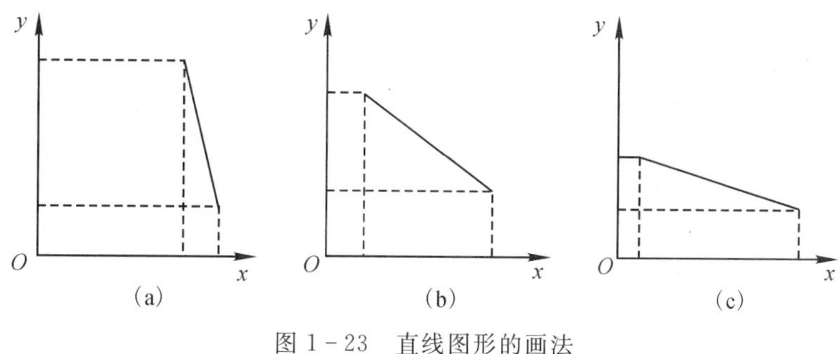

图 1-23　直线图形的画法

(a)(c) 错误画法;(b) 正确画法

2)图形的绘制。在坐标纸上明显地标出各实验数据点后,应用曲线尺(或直尺)绘出平滑的曲线(或直线)。绘出的曲线或直线应尽可能接近或贯穿所有的点,并使两边点的数目和点离线的距离大致相等。这样描出的线才能较好地反映出实验测量的总体情况。若有个别点偏离太远,绘制曲线时可不予考虑。一般情况下,不许绘成折线。

3)求直线的斜率。由实验数据作出的直线可用方程式($y = kx + b$)来表示。由直线上两点(x_1, y_1)(x_2, y_2)的坐标可求出斜率:

$$k = \frac{y_2 - y_1}{x_2 - x_1}$$

为使求得的 k 的值更准确,所选的两点距离不要太近,还要注意代入 k 表达式的数据是两点的坐标值,k 是两点纵横坐标差之比,而不是纵横坐标线段长度之比。

2.误差的计算

为了衡量分析结果的精密度,一般对单次测定的一组结果 $x_1, x_2, \cdots, x_n$,计算出算术平均值后,应再用单次测量结果的相对偏差、平均偏差、标准偏差、相对标准偏差和置信区间表示出

来，这些是分析实验中最常用的几种处理数据的表示方法。其算术平均值为

$$\bar{x}=\frac{x_1+x_2+\cdots+x_n}{n}=\frac{\sum_{i=1}^{n}x_i}{n}$$

相对偏差为

$$\frac{x_i-\bar{x}}{\bar{x}}\times 100\%$$

平均偏差为

$$\bar{d}=\frac{\sum_{i=1}^{n}|x_i-\bar{x}|}{n}$$

标准偏差为

$$s=\sqrt{\frac{\sum_{i=1}^{n}(x_i-\bar{x})}{n-1}}$$

相对标准偏差为

$$\frac{s}{\bar{x}}\times 100\%$$

其中，相对偏差是无机化学实验中最常用的处理分析测定结果好坏的方法。例如，用重铬酸钾法五次测得铁矿石中 Fe 含量为 37.40%，37.20%，37.30%，37.50%，37.30%。采用上述公式可以计算得到铁矿石中 Fe 含量的平均值、绝对偏差和相对偏差(见表 1-4)。无机化学实验数据的处理，有时是大宗数据的处理，有时甚至还要进行总体和样本的大宗数据的处理。例如，某河流水质调查，地球表面的矿藏分布，某地不同部位的土壤调查等。

表 1-4　重铬酸钾法测得铁矿石中 Fe 含量的平均值，绝对偏差和相对偏差

序号	测得 Fe 含量/(%)	Fe 含量平均值/(%)	绝对偏差/(%)	相对偏差/(%)
X1	37.40		+0.06	0.16
X2	37.20		−0.14	−0.37
X3	37.30	37.34	−0.04	−0.11
X4	37.50		+0.16	0.43
X5	37.30		−0.04	−0.11

第二章　无机化合物的提纯及制备

实验一　氯化钠的提纯

一、实验目的

（1）学会用化学方法提纯粗食盐，同时为进一步精制成试剂级纯度的氯化钠提供原料。

（2）练习台秤的使用以及加热、溶解、常压过滤、减压过滤、蒸发浓缩、结晶、干燥等基本操作。

（3）学习氯化物中 Ca^{2+}，Mg^{2+}，SO_4^{2-} 的定性检验方法。

二、实验原理

化学试剂或医药用的氯化钠都是以粗食盐为原料提纯的。粗盐中含有 K^+，Ca^{2+}，Mg^{2+} 和 SO_4^{2-} 等可溶性杂质和泥沙等不溶杂质。选择适当的试剂可使 Ca^{2+}，Mg^{2+} 和 SO_4^{2-} 等离子生成沉淀而除去。一般是先在食盐溶液中加入 $BaCl_2$ 溶液，除去 SO_4^{2-}：

$$Ba^{2+} + SO_4^{2-} = BaSO_4\downarrow$$

然后在溶液中加入 Na_2CO_3 溶液，除去 Ca^{2+}，Mg^{2+} 和过量的 Ba^{2+}：

$$Ca^{2+} + CO_3^{2-} = CaCO_3\downarrow$$

$$Ba^{2+} + CO_3^{2-} = BaCO_3\downarrow$$

$$Mg^{2+} + 2OH^- = Mg(OH)_2\downarrow$$

$$Mg^{2+} + CO_3^{2-} = MgCO_3\downarrow$$

过量的 Na_2CO_3 溶液用盐酸中和：

$$H^+ + OH^- = H_2O$$

$$CO_3^{2-} + 2H^+ = CO_2\uparrow + H_2O$$

粗食盐中的 K^+ 与这些沉淀剂不发生反应，仍留在溶液中。由于 KCl 的溶解度比 NaCl 的大，而且在粗食盐中的含量较少，所以在蒸浓食盐溶液时，NaCl 结晶出来，KCl 仍留在母液中。

三、仪器、材料与试剂

仪器与材料：烧杯、量筒、长颈漏斗、抽滤瓶、布氏漏斗、石棉网、泥三角、蒸发皿、台秤、循环水真空泵、定性滤纸（Φ12.5 mm，Φ11 mm，Φ9 mm）、广泛 pH 试纸。

试剂：Na_2CO_3（1 mol·L^{-1}）、NaOH（2 mol·L^{-1}）、HCl（2 mol·L^{-1}）、$BaCl_2$（1 mol·L^{-1}）、HAc（2 mol·L^{-1}）、$(NH_4)_2C_2O_4$（饱和溶液）、镁试剂和粗食盐等。

四、实验内容

1. 粗食盐的提纯

（1）粗食盐的溶解。称取 8.0 g 粗食盐，放入小烧杯中，加 30 mL 蒸馏水，用玻璃棒搅动，并加热使其溶解。

(2)过滤除去不溶物。折好滤纸安装好过滤装置，将小烧杯中食盐用玻璃棒转移到漏斗中，再用少量蒸馏水润洗玻璃棒和小烧杯，并将溶液转移到漏斗中过滤。

(3)除去 SO_4^{2-}。加热溶液到沸腾，边搅动边逐滴加入 1 mol·L^{-1} $BaCl_2$ 溶液至沉淀完全(约 2 mL)，继续加热，使 $BaSO_4$ 颗粒长大而易于沉淀和过滤。为了检验沉淀是否完全，可将烧杯从石棉网上取下，待沉淀沉降后，在上层清液中加入 1～2 滴 $BaCl_2$ 溶液，观察澄清液中是否还有混浊现象，如果无混浊现象，说明 SO_4^{2-} 已完全沉淀。如果仍有混浊现象，则需继续滴加 $BaCl_2$ 溶液，直到上层清液在加入一滴 $BaCl_2$ 后，不再产生混浊现象为止。沉淀完全后，继续加热 5 min，以使沉淀颗粒长大而易于沉降，减压过滤。

(4)除去 Ca^{2+}，Mg^{2+} 和过量的 Ba^{2+} 等阳离子。将所得的滤液加热至近沸，边搅拌边滴加饱和 Na_2CO_3 溶液，直至不再产生沉淀为止。再多加 2 滴 Na_2CO_3 溶液，静置。待沉淀沉降后，在上层清液中加几滴饱和 Na_2CO_3 溶液，如果出现混浊，表示 Ba^{2+} 等阳离子未除尽，需在原溶液中继续加入 Na_2CO_3 溶液直至除尽为止。减压过滤，保留滤液。

(5)除去过量的 CO_3^{2-}。在滤液中滴加入 2 mol·L^{-1} HCl，用玻璃棒蘸取滤液在 pH 试纸上实验，直到溶液呈微酸性为止($pH \approx 6$)。

(6)浓缩和结晶。将溶液倒入蒸发皿中，用大火加热蒸发，当液面出现晶膜时，改用小火加热并不断搅拌，以免溶液溅出。如果有食盐结晶受热外蹦，可将火源暂时移开，并不断用玻璃棒搅拌，稍后再继续加热。一直浓缩到有大量 NaCl 晶体出现，但切不可将溶液蒸发至干。冷却，吸滤。然后用少量水洗涤晶体，抽干。

(7)称量。冷却后先称氯化钠和蒸发皿的总重，将蒸发皿洗净擦干后再称蒸发皿的重量，称出产品的质量，并计算产量。

实验结果：

产品外观：________；产品质量(g)：________；产率(%)：________。

2. 产品纯度的检验

取产品和原料各 1 g，分别溶于 5 mL 蒸馏水中，然后进行下列离子的定性检验。

(1)SO_4^{2-} 的检测：各取溶液 1 mL 于试管中，分别加入 2 mol·L^{-1} HCl 溶液 2 滴和 1 mol·L^{-1} $BaCl_2$ 溶液 2 滴。比较两种溶液中沉淀产生的情况。

(2)Ca^{2+} 的检测：各取溶液 1 mL，加 2 mol·L^{-1} HAc 使呈酸性，再分别加入饱和 $(NH_4)_2C_2O_4$ 溶液 3～4 滴，若有白色 CaC_2O_4 沉淀产生，表示有 Ca^{2+} 存在。比较两溶液中沉淀产生的情况。

(3)Mg^{2+} 的检测：各取溶液 1 mL，加 2 mol·L^{-1} NaOH 溶液 5 滴，使溶液呈碱性(用 pH 试纸检测)，再加镁试剂 1～2 滴，若有天蓝色沉淀生成，表示有 Mg^{2+} 存在。比较两溶液的颜色(在提纯的氯化钠溶液中应无天蓝色沉淀产生)。

最后进行产品纯度的检验，检测项目和检测方法见表 2-1。

表 2-1　氯化钠的纯度检测

检验项目	检验方法	实验现象	
		粗食盐	纯氯化钠
SO_4^{2-}	加入 $BaCl_2$ 溶液		
Ca^{2+}	加入 $(NH_4)_2C_2O_4$ 溶液		
Mg^{2+}	加入 NaOH 溶液和镁试剂		

五、注意事项

(1)常压过滤时,注意“一提,二低,三靠”,将滤纸的边角撕去一角。

(2)减压过滤时,布氏漏斗管下方的斜口要对着抽滤瓶的支管口;先接橡皮管,开水泵,后转入结晶液;结束时,先拔去橡皮管,后关水泵。

(3)蒸发皿可直接加热,但不能骤冷,溶液体积应少于其容积的2/3。

(4)蒸发浓缩至稠粥状即可,不能蒸干,否则带入K^+(KCl溶解度较大,且浓度低,留在母液中)。

六、问题与讨论

(1)对实验结果进行误差分析。

(2)怎样检验溶液中的SO_4^{2-},Ca^{2+},Mg^{2+}等离子沉淀完全?

(3)为什么要分两步过滤?[$K_{sp}^{\ominus}(BaSO_4) = 1.08\times10^{-10}$,$K_{sp}^{\ominus}(BaCO_3) = 8.1\times10^{-9}$]

实验二　五水合硫酸铜结晶水的测定

一、实验目的

(1)了解结晶水合物中结晶水含量的测定原理和方法。

(2)进一步熟悉分析天平的使用。

(3)练习使用研钵、坩埚、干燥器等仪器。

(4)掌握沙浴加热、恒重等基本操作。

二、实验原理

结晶水合物受热时,可以脱去结晶水。$CuSO_4\cdot5H_2O$在不同温度下按下列反应逐步脱水:

$$CuSO_4\cdot5H_2O \xlongequal{48℃} CuSO_4\cdot3H_2O + 2H_2O$$

$$CuSO_4\cdot3H_2O \xlongequal{99℃} CuSO_4\cdot H_2O + 2H_2O$$

$$CuSO_4\cdot H_2O \xlongequal{218℃} CuSO_4 + H_2O$$

将$CuSO_4\cdot5H_2O$加热温度控制在260～280℃,$CuSO_4\cdot5H_2O$可以脱去全部结晶水。精确称量脱水后$CuSO_4$的质量可以计算出结晶水的含量。

三、仪器与试剂

仪器:分析天平、托盘天平、瓷坩埚、泥三角、烧杯(50 mL)、电炉、沙浴盘、温度计、煤气灯、干燥器。

试剂:$CuSO_4\cdot5H_2O$。

四、实验内容

1. 坩埚恒重

将一洗净的坩埚及盖于泥三角小火烘干,氧化焰烧至红热,冷却温度大于室温后,用干净的钳移入干燥器中冷却至室温(开盖1～2次),取出,天平称量,重复加热至脱水温度以上,冷却,称量至恒重($\Delta m<1$ mg)。

2. 药品称量

在台秤上称取1.0 g左右研细的$CuSO_4\cdot5H_2O$,置于上述灼烧恒重的坩埚中均匀铺平,然后在分析天平上准确称量此坩埚与五水合硫酸铜的质量,由此计算出坩埚中五水合硫酸铜的准确质量(精确至 1 mg)。

3. 药品脱水

将装有 $CuSO_4 \cdot 5H_2O$ 的坩埚放置在沙浴盘中，坩埚 3/4 的深度埋入沙中，量程为 300℃的温度计末端与埚底水平，慢慢升温至 280℃，调节煤气灯控温 260～280℃之间，灼烧 20 min，至粉末由蓝变白停止加热，取出后放在干燥器内冷却至室温，在天平上称量坩埚和脱水硫酸铜的总质量。

4. 实验过程

将上述称过质量的坩埚再次放入沙浴盘中灼烧 15 min，取出后放入干燥器内冷却至室温，然后在分析天平上称其质量。反复加热，称其质量，直到两次称量结果之差不大于 1 mg 为止。并计算出无水硫酸铜的质量及水合硫酸铜所含结晶水的质量，从而计算出硫酸铜结晶水的数目。

5. 实验结束

实验结束后，回收无水硫酸铜。

五、数据记录与处理(见表 2-2)

表 2-2　空坩埚的质量及坩埚和脱水硫酸铜的总质量的数据记录表

空坩埚的质量/g			(空坩埚+五水硫酸铜质量)/g	加热后坩埚+无水硫酸铜的质量/g		
第一次称量	第二次称量	平均值		第一次称量	第二次称量	平均值

$CuSO_4 \cdot 5H_2O$ 的质量 m_1：__________

$CuSO_4 \cdot 5H_2O$ 的物质的量 $= m_1/(249.7\ g \cdot mol^{-1})$：__________

无水硫酸铜的质量 m_2：__________

$CuSO_4$ 的物质的量 $= m_2/(159.6\ g \cdot mol^{-1})$：__________

结晶水的物质的量 $= (m_1 - m_2)/(18.0\ g \cdot mol^{-1})$：__________

每物质的量的 $CuSO_4$ 的结合水__________

水合硫酸铜的化学式：__________

六、问题与讨论

(1)加热后的坩埚能否未冷却至室温就去称量？加热后的热坩埚为什么要放在干燥器内冷却？

(2)在高温灼烧过程中，为什么必须用煤气灯氧化焰而不能用还原焰加热坩埚？

(3)为什么要进行重复的灼烧操作？什么叫恒重？其作用是什么？

实验三　三草酸合铁(Ⅲ)酸钾配合物的合成

一、实验目的

(1)掌握制备三草酸合铁(Ⅲ)酸钾的原理和方法。

(2)通过配合物的制备掌握基本的无机合成操作。

(3)了解配合物的晶体形状与构型之间的联系。

二、实验原理

三草酸合铁(Ⅲ)酸钾可由三氯化铁和草酸钾在溶液中反应制得,反应可用离子方程式表示如下:

$$Fe^{3+} + 3C_2O_4^{2-} = [Fe(C_2O_4)_3]^{3-}$$

当溶液中有钾离子存在,且处于过饱和状态下,即可形成结晶,得到草酸铁配合物:

$$[Fe(C_2O_4)_3]^{3-} + 3K^+ = K_3[Fe(C_2O_4)_3](s)$$

配合物的几何形状由其配位数决定。配位数的多寡则与中心粒子及配体的大小、种类和结构等因素有关。三草酸合铁(Ⅲ)酸钾 $K_3[Fe(C_2O_4)_3]$ 为明亮的绿色晶体。配离子$[Fe(C_2O_4)_3]^{3-}$为八面体结构(见图 2-1),为了更方便地表示构型,图 2-1(a)和图 2-1(b)的草酸根上的另一个未配位的氧原子未示出。在草酸的两个羧基失去氢形成酸根 $C_2O_4^{2-}$ 后,每个 $C_2O_4^{2-}$ 有两个 O 可以同时提供电子对给中心离子 Fe^{3+},形成两个配位键。中心离子 Fe^{3+} 的配位数为 6,所以从$[Fe(C_2O_4)_3]^{3-}$ 的结构中我们会发现,每个 Fe^{3+} 周围有 3 个 $C_2O_4^{2-}$ 配体。我们将 $C_2O_4^{2-}$ 这样的配体称为双齿配体,属于“螯合配体”。

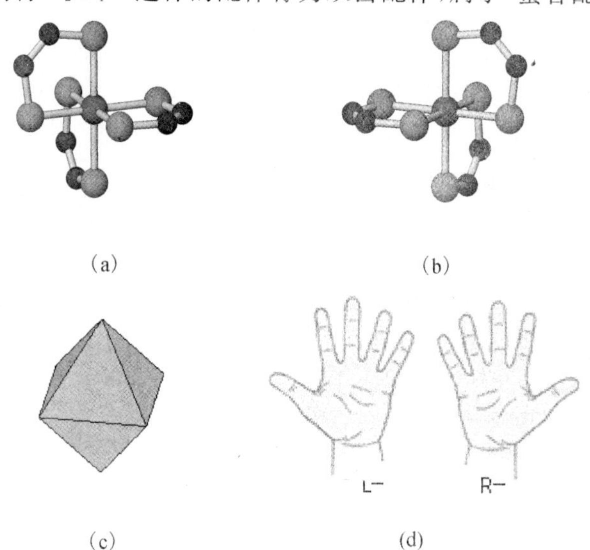

图 2-1　三草酸合铁(Ⅲ)配离子$[Fe(C_2O_4)_3]^{3-}$的构型

(a) L-$[Fe(C_2O_4)_3]^{3-}$;(b) R-$[Fe(C_2O_4)_3]^{3-}$;(c) 分子结构示意图;

(d) L-构型与 R-构型的关系和人的左右手相似

溶液中结晶形成的难易及晶体大小受很多因素影响,一般以温度、时间、扰动、溶液性质等为主要原因。通常急速结晶所形成的晶体较小;若静置且不搅动的慢慢结晶,则有机会得到较大晶体;加入小晶体当“晶种”,也有助于获得大的单晶。

在本实验中采用室温下静置、自然冷却的方法可使溶液达到过饱和状态,从而析出产物。此外,也可以用加入弱极性溶剂(如乙醇)的方法,来降低溶剂混合物的极性,使配合物在弱极性溶剂中溶解度降低而结晶析出。但迅速的结晶,得到的晶体会较小且缺陷较多,可再采用“重结晶法”来培养较大且完美的晶体。

$K_3[Fe(C_2O_4)_3]$晶体具有一定的光敏性,长时间暴露在阳光下或受热容易分解使配合物破坏,所以不宜用加热浓缩的方法使之析出晶体。在合成过程的其他操作中也应注意这点。

$K_3[Fe(C_2O_4)_3]$见光分解的产物为$[Fe(C_2O_4)]\cdot 2H_2O$和CO_2。

将新鲜制备的$K_3[Fe(C_2O_4)_3]$晶体放置在显微镜下仔细观察，可以清楚地辨认出其特殊的八面体构型。实际上，它们是$K_3[Fe(C_2O_4)_3]$两种异构体的混合物。这两种异构体分别为L-$[Fe(C_2O_4)_3]^{3-}$和R-$[Fe(C_2O_4)_3]^{3-}$。此外，晶体中还可能混有少量的草酸亚铁杂质。

三、仪器、材料与试剂

仪器与材料：显微镜、减压抽滤装置、恒温水浴、玻璃烧杯、玻璃量杯、抽滤漏斗、电子天平、剪刀、滤纸、洗瓶、玻璃棒、胶头滴管、载玻片等。

试剂：$K_2C_2O_4$、$FeCl_3\cdot 6H_2O$(40%水溶液)、蒸馏水、无水乙醇。

四、实验内容

(1)称取4.1 g草酸钾($K_2C_2O_4$)放入50 mL烧杯中，注入8 mL蒸馏水，在80℃恒温水浴中加热，使草酸钾全部溶解。

(2)称取40%(重量百分比浓度)三氯化铁($FeCl_3\cdot 6H_2O$)溶液4.4 g到另一烧杯中(为防止水解，不要加热)。待草酸钾完全溶解后，一边搅拌一边将该溶液滴入热的草酸钾溶液中，仔细观察并记录溶液中所发生的变化。

(3)继续反应20～25 min，停止水浴加热。从水浴锅中取出烧杯，放在冰浴中静置3 min。当烧杯中开始有晶体析出时，用滴管吸取1～2滴溶液，滴在一张洁净的载玻片上。在水平方向上轻轻晃动载玻片，使得液滴尽量平铺在载玻片中央。将载玻片放置在显微镜下进行观察，拍照。显微镜要用10倍物镜调焦距，再用40倍的物镜观察晶体。

(4)冰浴冷却15 min后，此时产物析出较为完全，进行减压过滤。将抽滤后得到的晶体，用2～3 mL蒸馏水分两次洗涤后，再用2 mL无水乙醇洗涤两次后抽干。注意：洗涤沉淀时要先拔掉软管，关闭水泵，加入溶剂搅拌后再抽滤。

(5)将全部制得的晶体称重后计算产率，最后交给指导教师检视并回收。

五、数据记录及处理

1. 反应物(见表2-3)

表2-3 合成三草酸合铁(Ⅲ)酸钾配合物的反应物的相关数据记录

反应物	$K_2C_2O_4$	$FeCl_3\cdot 6H_2O$
性状		
质量/g		
物质的量/mol		

2. 产物(见表2-4)

表2-4 合成三草酸合铁(Ⅲ)酸钾配合物的产物的相关数据记录

产物	晶体颜色	晶体外观	配位数	产物重量 / g
$K_3[Fe(C_2O_4)_3]$				

3. 产率

理论产物质量：$W_{理}$＝　　　　实际产物(结晶)质量：$W_{实}$＝

产率：$W_{理}/W_{实}\times 100\%$ ＝

六、问题与讨论

(1)什么是配合物和配离子？它们与一般的离子化合物或者阴离子、阳离子有什么不同？

(2)进行结晶时，有时可用冰浴法或盐析法，有时则是采用最平常的蒸发溶剂法(常温或煮沸)，这些方法使用的原理各是什么？由此得到的结晶(产物)可能有何不同？

(3)除本实验所介绍的合成方法以外，你还能否寻找到其他合成三草酸合铁(Ⅲ)酸钾的途径？如果可以，请比较一下这些方法的优点与缺点。

七、生物显微镜(见图 2-2)使用方法

(1)打开显微镜电源开关，调节亮度调节开关，使得目镜中的光线达到适宜的强度(光线不可过强，草酸铁为光敏配合物)。

(2)将载玻片放置在显微镜的载物台并用夹片夹紧。旋转转换器，先选取倍数最小的物镜，调节外圈调焦手轮(粗调)，在目镜中寻找目标；找到后，再调节内圈调焦手轮(细调)，使视野中的晶体图像清晰。

(3)换用高一级倍数的物镜后，视野可能稍稍显得模糊，可以再次调节调焦手轮使视野清晰。

(4)观察完毕后，取下载玻片，清洗干净，统一回收。关闭显微镜电源，盖好防尘罩后方可离开。

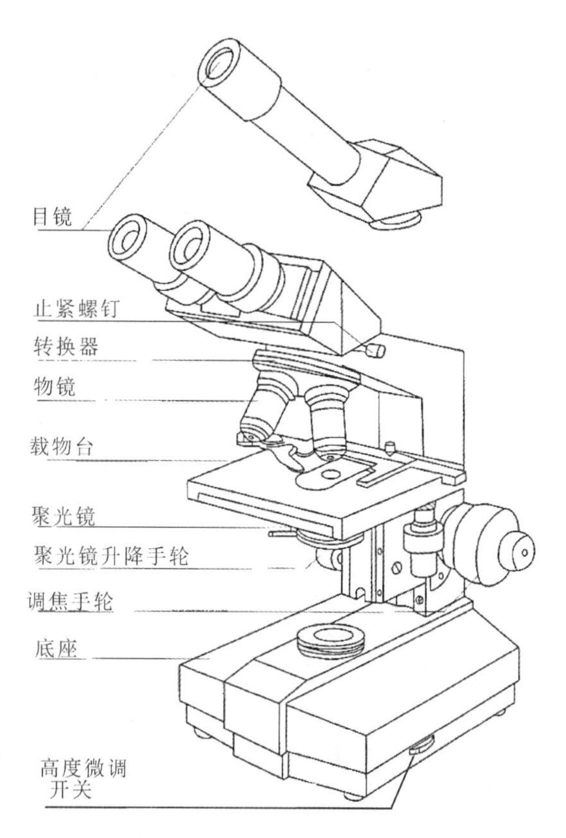

图 2-2　生物显微镜的结构

实验四　硫酸亚铁铵的制备(设计型实验)

一、实验要求

本实验为设计型实验,由学生自行拟订实验方案。其步骤如下:

(1)查阅文献,了解硫酸亚铁铵的相关性质及已报道的合成方法。

(2)拟订实验方案,包括实验原理、实验所用的仪器和试剂种类及用量、操作步骤、产物鉴定表征项目、实验相关理化数据、安全注意事项等。

(3)将拟订好的实验方案提交教师,讨论其可行性。

(4)指导教师通过后进入实验室进行实验,进行初步探索,在实验过程中对原有方案进行改进。

(5)以论文形式提交完整实验报告,并存档。

二、实验原理

根据有关原理及数据设计并制备复盐硫酸亚铁铵,掌握水浴加热、溶解、过滤、蒸发、结晶等基本操作,了解检验产品中杂质含量的一种方法——目视比色法。

硫酸亚铁铵又称摩尔盐,是浅蓝绿色单斜晶体,能溶于水,但难溶于乙醇。在空气中它不易被氧化,比硫酸亚铁稳定,所以在化学分析中可作为基准物质,用来直接配制标准溶液或标定未知溶液浓度。

由硫酸铵、硫酸亚铁和硫酸亚铁铵在水中的溶解度数据(见表 2-5)可知,在一定温度范围内,硫酸亚铁铵的溶解度比组成它的每一组分的溶解度都小。因此,很容易从浓的硫酸亚铁和硫酸铵混合溶液中制得结晶状的摩尔盐 $FeSO_4 \cdot (NH_4)_2SO_4 \cdot 6H_2O$。在制备过程中,为了使 Fe^{2+} 不被氧化和水解,溶液需保持足够的酸度。

表 2-5　几种盐在水中的溶解度数据

盐的相对分子质量	溶解度/[g·(100g)$^{-1}$]			
	10℃	20℃	30℃	40℃
$M_{(NH_4)_2SO_4}=132.1$	73.0	75.4	78.0	81.0
$M_{FeSO_4 \cdot 7H_2O}=277.9$	37.0	48.0	60.0	73.3
$M_{FeSO_4 \cdot (NH_4)_2SO_4 \cdot 6H_2O}=392.1$		36.5	45.0	53.0

本实验是先将金属铁屑溶于稀硫酸制得硫酸亚铁溶液:

$$Fe + H_2SO_4 \rightarrow FeSO_4 + H_2\uparrow$$

然后,加入等物质的量的硫酸铵制得混合溶液,加热浓缩,冷至室温,便析出硫酸亚铁铵复盐:

$$FeSO_4 + (NH_4)_2SO_4 + 6H_2O \rightarrow FeSO_4 \cdot (NH_4)_2SO_4 \cdot 6H_2O$$

目视比色法是确定杂质含量的一种常用方法,在确定杂质含量后便能定出产品的级别。将产品配成溶液,与各标准溶液进行比色,如果产品溶液的颜色比某一标准溶液的颜色浅,就可确定杂质含量低于该标准溶液中的含量,即低于某一规定的限度,所以这种方法又称为限量分析。本实验仅做摩尔盐中 Fe^{3+} 的限量分析。

三、仪器、材料与试剂

仪器与材料：台式天平、锥形瓶(150 mL)、烧杯、量筒(10 mL,50 mL)、漏斗、漏斗架、蒸发皿、布氏漏斗、抽滤瓶、酒精灯、表面皿、水浴锅(可用大烧杯代替)、比色管(25 mL)、pH 试纸。

试剂：HCl(2 mol·L^{-1})、H_2SO_4(3 mol·L^{-1})、标准 Fe^{3+} 溶液(0.010 0 g·L^{-1})、KSCN(1 mol·L^{-1})、$(NH_4)_2SO_4$、Na_2CO_3、铁屑、乙醇(95%)。

四、实验内容

1. 铁屑的净化(除去油污)

用台式天平称取 2.0 g 铁屑，放入小烧杯中，加入 15 mL 质量分数 10% Na_2CO_3 溶液。缓缓加热约 10 min 后，倾倒去 Na_2CO_3 碱性溶液，用自来水冲洗后，再用去离子水把铁屑冲洗洁净(如果用纯净的铁屑，可省去这一步)。

2. 硫酸亚铁的制备

往盛有 2.0 g 洁净铁屑的小烧杯中加入 15 mL 3 mol·L^{-1} H_2SO_4 溶液，盖上表面皿，放在低温电炉加热(在通风橱中进行)。在加热过程中应不时加入少量去离子水，以补充被蒸发的水分，防止 $FeSO_4$ 结晶出来；同时要控制溶液的 pH 不大于 1(为什么？如何测量和控制?)，使铁屑与稀硫酸反应至不再冒出气泡为止。趁热用普通漏斗过滤，滤液承接于洁净的蒸发皿中。将留在小烧杯中及滤纸上的残渣取出，用滤纸片吸干后称量。根据已反应的铁屑质量，算出溶液中 $FeSO_4$ 的理论产量。

3. 硫酸亚铁铵的制备

根据 $FeSO_4$ 的理论产量，计算并称取所需固体 $(NH_4)_2SO_4$ 的用量。在室温下将称出的 $(NH_4)_2SO_4$ 加入上面所制得的 $FeSO_4$ 溶液中在水浴上加热搅拌，使硫酸铵全部溶解，调节 pH 为 1～2，继续蒸发浓缩至溶液表面刚出现薄层的结晶时为止。自水浴锅上取下蒸发皿，放置，冷却后即有硫酸亚铁铵晶体析出。待冷至室温后用布氏漏斗减压过滤，用少量乙醇洗去晶体表面所附着的水分。将晶体取出，置于两张洁净的滤纸之间，并轻压以吸干母液，称量。计算理论产量和产率。产率计算公式如下：

$$产率=\frac{实际产量}{理论产量}\times 100\%$$

五、产品检验

1. 验证产品中的离子

选用实验方法证明产品中含有 NH_4^+，Fe^{2+} 和 SO_4^{2-}。

2. Fe^{3+} 的分析

标准 Fe^{3+} 溶液的配制：称取 0.086 4 g 分析纯硫酸高铁铵 $Fe(NH_4)(SO_4)_2 \cdot 12H_2O$ 溶于 3 mL 2 mol·L^{-1} HCl 并全部转移到 1000 mL 容量瓶中，用去离子水稀释到刻度，摇匀。

称取 1.0 g 产品置于 25 mL 比色管中，加入 15 mL 不含氧的去离子水溶解(怎么处理?)，加入 2 mL 2 mol·L^{-1} HCl 和 1 mL 1 mol·L^{-1} KSCN 溶液，摇匀后继续加去离子水稀释至刻度，充分摇匀。将所呈现的红色与下列标准溶液进行目视比色，确定 Fe^{3+} 含量及产品标准。

在 3 支 25 mL 比色管中分别加入 2 mL 2 mol·L^{-1} HCl 和 1 mL 1 mol·L^{-1} KSCN 溶液，再用移液管分别加入标准 Fe^{3+} 溶液(0.010 0 mg·mL^{-1})5 mL，10 mL，20 mL，加不含氧的去离子水稀释溶液到刻度并摇匀。上述 3 支比色管中溶液 Fe^{3+} 含量所对应的硫酸亚铁铵试剂规格分别为：含 Fe^{3+} 0.05 mg 的符合一级品标准，含 Fe^{3+} 0.10 mg 的符合二级品标准，含 Fe^{3+} 0.20 mg 的符合三级品标准。

六、注意事项

(1)在制备 $FeSO_4$ 时，应用试纸测试溶液 pH，保持 pH≤1，以使铁屑与硫酸溶液的反应能不断进行。

(2)在检验产品中 Fe^{3+} 含量时，为防止 Fe^{2+} 被溶解在水中的氧气氧化，可将蒸馏水加热至沸腾，以赶出水中溶入的氧气。

实验五　水热法制备纳米 SnO_2 微粉

一、实验目的

(1)通过本实验了解和掌握水热法制备纳米 SnO_2 微粉的技术，拓宽学生的视野。

(2)学生用自己合成出来的产物来做相关的性质实验，进一步增强学生做实验的兴趣。

二、实验原理

纳米粒子(nanosized particles)通常是指粒径为 1～10 nm 的超微颗粒。物质处于纳米尺度状态时，其许多性质既不同于原子、分子，又不同于大块体相物质，构成物质的一种“新状态——介观态”(mesoscopic state)。处于介观态的纳米粒子，其中电子的运动受到颗粒边界的束缚而被限制在纳米尺度内，当粒子的尺寸可以与其中电子(或空穴)的德布罗意(de Broglie)波长相比时，电子运动呈现显著的波粒二象性，此时材料的光、电、磁性质出现许多新的特征和效应。例如，由于量子尺寸效应将使半导体的带隙能增大，光吸收带边蓝移磁性材料中出现由多畴到单畴、铁磁性到超顺磁性的转变等。

从化学角度来看，在纳米材料中，位于表、界面上的原子数足以与粒子内部的原子数相抗衡，因而总表面能大大增加，粒子的表、界面化学性质异常活泼，此特性通常称为表、界面效应。此外，还将会产生宏观量子隧道效应、介电限域效应等。纳米粒子的这些新的特性为物理学、电子学、化学和材料科学等开辟了全新的研究领域，在 21 世纪引发了一场新的技术革命。

用化学方法制备粒子尺寸可控、分布均匀的纳米材料是纳米材料化学的基本任务。水热法将成为制备纳米粒子的主要湿化学方法之一。同时，水热法本身也在不断发展，以有机溶剂为介质的溶剂热法为非氧化物纳米材料的制备提供了新的可能途径。

SnO_2 是一种半导体氧化物，它在传感器、催化剂和透明导电薄膜等方面具有广泛用途。纳米 SnO_2 具有很大的比表面积，是一种很好的气敏与湿敏材料。制备超细 SnO_2 微粉的方法很多，有溶胶-凝胶(Sol－Gel)法、化学沉淀法、激光分解法、水热法等。水热法是指在温度超过 100℃和相应压力(高于常压)条件下利用水溶液(广义地说溶剂介质不一定是水)中物质间的化学反应合成化合物的方法。水热法制备纳米氧化物微粉有许多优点，如产物直接为晶态，无须经过焙烧晶化过程，因此可以减少用其他方法难以避免的颗粒团聚，同时粒度比较均匀，形态比较规则。因此，水热法是制备纳米氧化物微粉的好方法。

在水热条件(相对高的温度和压力)下，水的反应活性提高，其蒸气压上升、离子积增大，而密度、表面张力及黏度下降，体系的氧化还原电势发生变化。总之，物质在水热条件下的热力学性质均不同于常态，为合成某些特定化合物提供了可能。水热法主要有以下特点：

(1)水热条件下,由于反应物和溶剂活性的提高,有利于某些特殊中间态及特殊物相的形成,所以可能合成具有某些特殊结构的新化合物,如各种微孔、中孔晶体材料。

(2)水热条件下有利于晶体的生长,获得纯度高、取向规则、形态完美、非平衡态缺陷尽可能少的晶体材料。

(3)产物粒度易于控制,分布集中,采用适当措施可尽量减少团聚。

(4)通过改变水热反应条件,可能形成具有不同晶体结构和结晶形态的产物,也有利于低价、中价态与特殊价态化合物的生成。

基于以上特点,水热法在材料领域已有广泛应用,水热合成化学也日益受到化学与材料科学界的重视。本实验以水热法制备纳米 SnO_2 微粉为例,介绍水热反应的基本原理,研究不同水热反应条件对产物微晶形成、晶粒大小及形态的影响。

三、仪器与试剂

仪器:100 mL 不锈钢压力釜(具有聚四氟乙烯衬里)、管式电炉套及温控装置、电动搅拌器、抽滤水泵、pH 计。

试剂:$SnCl_4 \cdot 5H_2O$、KOH(固体)、乙酸、乙酸铵、乙醇(95%)。

四、实验内容

1.原料溶液的配制

用去离子水配制 1.0 $mol \cdot L^{-1}$ 的 $SnCl_4$ 溶液,10 $mol \cdot L^{-1}$ 的 KOH 溶液。

每次取 50 mL 1.0 $mol \cdot L^{-1}$ 的 $SnCl_4$ 溶液于 100 mL 烧杯中,在电磁搅拌下逐滴加入 10 $mol \cdot L^{-1}$ 的 KOH 溶液,调节反应液的 pH 至所要求值(1.45),观察记录反应液状态随 pH 的变化,制得的原料液待用。

2.反应条件的选择

水热反应的条件,如反应物浓度、温度、反应介质的 pH、反应时间、矿化剂等,对反应产物的物相、形态、粒子尺寸及其分布和产率均有重要影响。

水热反应制备纳米微晶 SnO_2 的反应机理第一步是 $SnCl_4$ 的水解:

$$SnCl_4 + 4H_2O = Sn(OH)_4 \downarrow + 4HCl \downarrow$$

形成无定形的 $Sn(OH)_4$ 沉淀。紧接着发生 $Sn(OH)_4$ 的脱水缩合和晶化作用,形成 SnO_2 纳米微晶:

$$Sn(OH)_4 = SnO_2 + 2H_2O$$

(1)反应温度。反应温度低时,$SnCl_4$ 水解、脱水缩合和晶化作用慢。温度升高将促进 $SnCl_4$ 的水解和 $Sn(OH)_4$ 的脱水缩合,同时重结晶作用增强,使产物晶体结构更完整,但也将导致 SnO_2 微晶长大。本实验反应温度以 120～160℃为宜。

(2)反应介质的酸度。当反应介质的酸度较高时,$SnCl_4$ 的水解受到抑制,中间物 $Sn(OH)_4$ 生成相对较少,脱水缩合后形成的 SnO_2 晶核数量较少,大量 Sn^{4+} 离子残留在反应液中。这一方面有利于 SnO_2 微晶的生长,同时也容易造成粒子间的聚结,导致产生硬团聚,这是制备纳米粒子时应尽量避免的。当反应介质的酸度较低时,$SnCl_4$ 水解完全,大量很小的 $Sn(OH)_4$ 质点同时形成。在水热条件下,经脱水缩合和晶化,形成大量 SnO_2 纳米微晶。此时,由于溶液中残留的 Sn^{4+} 离子数量已很少,生成的 SnO_2 微晶较难继续生长。因此,产物具有较小的平均颗粒尺寸,粒子间的硬团聚现象也相应减少。本实验反应介质的酸碱度控制为 pH = 1.45。

(3)反应物的浓度。单独考察反应物浓度的影响时,反应物浓度越高,产物 SnO_2 的产率越低。这主要是由于当 $Sn(OH)_4$ 浓度增大时,溶液的酸碱度也增大,Sn^{4+} 的水解受到抑制的缘故,当介质的 pH 为 1.45 时,反应物的黏度较大,因此反应物浓度不宜过大,否则搅拌难以进行。本实验 $SnCl_4$ 的浓度为 1 $mol \cdot L^{-1}$。

3. 水热反应

将配制好的原料液倾入具有聚四氟乙烯衬里的不锈钢压力釜内,用管式电炉套加热压力釜。用控温装置控制压力釜的温度,使水热反应在所要求的温度下进行一定时间(约 2 h)。反应结束,停止加热,待压力釜冷却至室温时,开启压力釜,取出反应产物。

4. 反应产物的后处理

将反应产物静止沉降,移去上层清液后减压过滤。过滤时应用致密的细孔滤纸,尽量减少穿滤。用大约 100 mL 10%的乙酸加入 1 g 乙酸铵的混合液洗涤沉淀物 4~5 次(防止沉淀物胶溶穿滤),洗去沉淀物中的 Cl^- 和 K^+,最后用 95%乙醇洗涤两次,于 80℃干燥,然后研细。

五、反应产物的表征

1. 物相分析

用多晶 X 射线衍射法(XRD)确定产物的物相。在 JCPDS 卡片集中查出 SnO_2 的多晶标准衍射卡片,将样品的 d 值和相对强度与标准卡片上的数据相对照,确定产物是否为 SnO_2。

2. 粒子大小分析

由多晶 X 射线衍射峰的半高宽,用 Scherer(谢乐)公式计算样品在方向上的平均晶粒尺寸:

$$D_{hkl}=\frac{K\lambda}{\beta\cos\theta_{hkl}}$$

式中,β 为扣除仪器因子后 hkl 衍射的半高宽(弧度);K 为常数,通常取 0.9;θ_{hkl} 为 hkl 衍射峰的衍射角;λ 为 X 射线波长。

用透射电子显微镜(TEM)直接观察样品粒子的尺寸与形貌。

3. 比表面积测定

用 BET 法测定样品的比表面积,并计算样品的平均等效粒径。

4. 等电点测定

用显微电泳仪测定 SnO_2 颗粒的等电点。

六、问题与讨论

(1)比较同一样品由 XRD,TEM 和 BET 法测定的粒子大小,并对各自测量结果的物理含义进行分析比较。

(2)水热法作为一种非常规无机合成方法具有哪些特点?

(3)用水热法制备纳米氧化物,对物质本身有哪些基本要求?试从化学热力学和动力学角度进行定性分析。

(4)水热法制备纳米氧化物过程中,哪些因素影响产物的粒子大小及其分布?

(5)在洗涤纳米粒子沉淀物过程中,如何防止沉淀物的胶溶?

(6)从表面化学角度考虑,如何减少纳米粒子在干燥过程中的团聚?

实验六　ZnS:Cu(Ⅰ)纳米颗粒的制备及光学性质

一、实验目的

(1)通过配合物前驱体的设计合成 Cu(I) 掺杂的 ZnS 纳米材料。

(2)了解量子限域效应导致半导体纳米材料吸收光谱的变化及其与材料尺寸的关系。

二、实验原理

发光是指物体内部以某种方式吸收能量,然后转化为光辐射的过程。发光材料广泛应用于各种形式的光源、显示器件,还可应用于存储材料、辐射探测传感器等。有时纯化合物受激后并不发光,但如果化合物存在缺陷,则可能产生光发射,如 ZnO 等。另外,如果以该化合物为基质,选择适当的激活剂可使光发射明显增强,如稀土离子 Eu 激活的 Y_2O_3。大部分研究涉及的发光材料尺寸在微纳米量级。

自纳米材料诞生以来,人们在研究中发现,许多原来不发光的材料,当颗粒尺寸达到纳米量级时,在紫外、可见甚至近红外区可观察到发光现象。纳米材料的发光大致可分为以下三类:

(1)由于纳米材料的表面积很大,表面缺陷和体缺陷相对增多,可能产生来自于缺陷的发射,同一材料也会由于缺陷能级的不同而产生丰富的发射,这些发射多为宽带结构,如多孔硅、纳米 ZnS 等。

(2)许多半导体材料在尺寸减小到纳米量级后,分立能级的出现使得激子发射更易于观察,这类发射也为带谱,其宽度远小于缺陷类发射,如纳米Ⅱ～Ⅵ族半导体 CdS,CdSe 等及最新研究的半导体"纳米线"的发射。

(3)有些纳米材料掺杂激活中心后可观察到来自激活中心的发射,该发射的特征决定于激活中心,如 ZnS:Mn,ZnO:Eu 等。虽然纳米材料的发光强度和效率尚未达到实用水平,但是纳米材料的发光为设计、发展新型发光材料提供了一个新的思路和途径。

当半导体材料尺寸减小到接近激子玻尔半径(r_B)时,价带和导带之间的能级有增大的趋势,并且价带和导带由原来的准连续能带变为分立的能级,这就使得材料随着尺寸的减小其光吸收或发光带蓝移,即向短波方向移动,这就是半导体纳米材料的量子尺寸效应。半导体纳米材料的尺寸 R 与带隙 E_g' 的关系为

$$E_g' = E_g + \hbar^2\pi^2/2\mu R^2 - 1.786e^2/\varepsilon R + (e^2/R)\sum a_n(S_n/R)^{2n}$$

式中,$1/\mu = 1/m_e + 1/m_h$,μ 为有效质量;ε 为介电常数;$\hbar$ 为普朗克常数。其中第一项为相应体材料带隙,第二项为受限激子的动能,第三项为电子、空穴的库仑相互作用能,最后一项代表由于库仑相互作用引起的修正项,其相关能贡献较小,可忽略不计。对于带隙较窄的 CdSe 纳米材料,随着尺寸的减小可获得从红到黄、绿、蓝、紫光的发射。20 世纪 90 年代初,Bell 和 Berkeley 实验室分别对 CdSe 纳米材料的量子尺寸效应进行了研究,并制备了可调谐的发光二极管。

除纳米材料的本征发光性质外,在其中掺杂发光中心也可进一步调整光发射的范围,如 ZnS(体材料带隙 E_g = 3.68 eV)纳米材料的光发射位于紫外、近紫外区,其中掺入 Mn^{2+} 可产生黄光(2.12 eV)的发射;掺入 Cu^+ 离子后,随掺杂浓度的变化可产生蓝、绿甚至红光的发射,

这为纳米发光材料的研究提供了另一个思路。

本实验拟对Cu(Ⅰ)掺杂的ZnS纳米材料合成及发光性质进行研究。通常这一类纳米材料的合成采用胶体化学的方法在水体系中进行。由于Cu^{+}在水溶液中发生歧化反应生成Cu^{2+}及Cu,难以在水溶液中稳定存在,实验中通过选择适当的配体使其稳定Cu^{+},同时该配体的选择可拉近ZnS与Cu_2S溶解度差距,达到合成Cu(Ⅰ)掺杂的ZnS纳米材料的目的。另外,将研究材料的光吸收与尺寸、光发射与掺杂浓度的关系。

三、仪器与试剂

仪器:磁力搅拌器、紫外-可见分光光度计、石英液池(2个)、荧光光谱仪、容量瓶(50 mL)、吸量管(1 mL,0.5 mL)、磨口玻璃三角瓶(25 mL)。

试剂:已知浓度的Na_2S水溶液(实验室准备)、$ZnCl_2$、$Na_2S \cdot 9H_2O$、$Na_2S_2O_3 \cdot 5H_2O$、$CuCl_2$、二次去离子水。

四、实验内容

1. ZnS纳米颗粒的合成

配制50.00 mL $ZnCl_2$的配合物溶液A,Zn^{2+}浓度约为5.0×10^{-2} mol·L^{-1},$Na_2S_2O_3 \cdot 5H_2O$的浓度约为0.1 mol·L^{-1}。

配制50.00 mL $Na_2S \cdot 9H_2O$水溶液B,浓度为4×10^{-3} mol·L^{-1}。

电磁搅拌下,将10.0 mL溶液B缓慢滴加入1.0 mL溶液A,滴加速度为1.0~2.0 mL·min^{-1}。加入14.0 mL二次水补充至溶液总体积为25 mL,并搅拌20 min,待反应完全得到ZnS纳米微粒。

2. ZnS:Cu(Ⅰ)纳米颗粒的合成

配制50.00 mL CuCl的$Na_2S_2O_3 \cdot 5H_2O$配合物溶液C,其中Cu^{+}浓度约为1.0×10^{-3} mol·L^{-1},$S_2O_3^{2-}$的浓度约为0.1 mol·L^{-1}。

取溶液A与溶液C混合、搅拌,使混合液中Cu^{+}与Zn^{2+}的物质的量比分别为1∶0.2,1∶0.6,1∶1。进而向混合液中缓慢滴加溶液B,使溶液中S^{2-}与Zn^{2+}的物质的量比为1∶0.8。以二次水补充至溶液总体积为25 mL,并搅拌20 min,待反应完全得到ZnS:Cu(I)纳米微粒。

3. ZnS和ZnS:Cu(Ⅰ)纳米微粒体系的吸收光谱、发射光谱测试

取约2 mL上述产物分别滴入1 cm×1 cm吸收池及发射池中,进行吸收光谱及发射光谱的测试。

吸收光谱采用分光光度计,以二次去离子水为参比,在250~400 nm范围内测定,将所得吸收光谱打印。通过吸收光谱确定发射光谱激发波长。发射光谱采用Hitachi F-4500荧光光度计测定,扫描范围为350~600 nm,使用430 nm滤光片去除激发光的影响,并打印发射光谱。

发射光谱测量条件如下:

(1)带通(bandpass):激发(EX)5 nm,发射(EM)5 nm;

(2)响应(response):auto;

(3)扫描速度(scan speed):240 nm/min;

(4)光电倍增管电压:700 V。

五、问题与讨论

(1)利用配位化学原理计算配体作用下 ZnS,Cu_2S 溶解度的变化。

(2)利用量子限域效应原理计算所得纳米微粒的尺寸。

(3)讨论纳米材料吸收光谱与材料尺度变化的关系。

(4)在配体的选择上,除实验中所涉及的作用外,从光学性质及应用上还应做哪些考虑?

(5)Cu(Ⅰ)掺杂浓度的变化对 ZnS:Cu(Ⅰ)光学性质有何影响?

实验七　纳米二氧化硅的制备及其吸附性能(设计型实验)

一、实验目的

(1)了解纳米二氧化硅的吸附性能。

(2)进一步熟悉 Ag^+ 的定量分析方法。

(3)掌握吸附曲线的绘制方法。

二、实验原理

抗菌材料有较好的应用前景。无机抗菌材料由各种无机材料负载有色金属(如锌、钛、银)的离子或氧化物制得。如 SiO_2/Ag^+ 复合材料作为无机抗菌材料,具有化学稳定性、热稳定性好、加工成形方便的优点。

正硅酸乙酯(TEOS)在碱的催化作用下,与水反应,通过一系列水解、聚合等过程,生成二氧化硅。

$$SiO(C_2H_5)_4 + 4H_2O = Si(OH)_4 + 4C_2H_5OH$$

$Si(OH)_4$ 在乙醇与水的混合溶液中,由于体系的碱度降低从而诱发硅酸根的聚合反应,转化成硅羟基。如果在它的表面吸附有大量的水,这种硅-氧结合就会迅速发生,形成 Si－O 结构,迅速增长成粗大的颗粒。极性分子乙醇的存在降低了表面水分子的浓度,因而可制得小颗粒的 SiO_2。

负载能力 S 定义为每 100 g 的 SiO_2 负载银的克数。纳米 SiO_2 对 Ag^+ 具有较强的吸附性,银离子与羟基上的质子发生离子交换而进行化学吸附。在吸附初期有较快的吸附速度,随着吸附时间延长,吸附速度缓慢降低。这是因为随着吸附的进行,固体界面离子浓度与液相本体离子浓度差减小,对流、扩散与吸附推动力减小;随着温度升高,建立吸附平衡的时间快速缩短,吸附速度随着温度的升高而加快。

分别用乙醇和水洗涤二氧化硅沉淀,直到流出液显中性,在该过程中发现用乙醇洗的粉体比用水洗的粉体团聚小、易分散。这是由于在用水洗涤后,残留在颗粒间的微量水会通过氢键而使颗粒团聚在一起。而用乙醇可以减少这种液桥作用,从而获得团聚少的粉体。

本实验以纳米 SiO_2 为担载体,研究银离子浓度、吸附时间及吸附温度对其负载银的能力的影响。

三、仪器与试剂

仪器:容量瓶、烧杯(400 mL)、水浴锅、烘箱、电子天平、搅拌器、纳米粒度分析仪、比表面积分析仪。

试剂：正硅酸乙酯（TEOS）、$AgNO_3$、NH_4Cl、乙醇、2 氨水 5%、铁铵矾[$NH_4Fe(SO_4)_2 \cdot 12H_2O$]指示剂、$NH_4SCN$ 标准溶液。

四、实验内容

1. 纳米二氧化硅 SiO_2 的制备

将一定量的水和乙醇混合搅拌，滴入正硅酸乙酯和氨水，搅拌 30 min，静置一段时间即分层得二氧化硅沉淀。将二氧化硅沉淀洗涤，抽滤，100℃干燥得到白色轻质的 SiO_2 粉末。测试其粒度及其分布与比表面积。

2. 硝酸银溶液的配制

准确称量一定量硝酸银，配制成质量浓度分别为 200 mg・L^{-1}，400 mg・L^{-1}，600 mg・L^{-1}，800 mg・L^{-1}，1000 mg・L^{-1}，1200 mg・L^{-1} 的 $AgNO_3$ 溶液。

3. 硝酸银原始浓度对负载能力的影响

分别取 2.5 g 纳米 SiO_2 加入 250 mL 上述各溶液中，在 30℃缓慢搅拌 2 h 后，过滤。分析滤液中 Ag^+ 浓度，考察 SiO_2 吸附能力与 $AgNO_3$ 溶液原始浓度间的关系。

4. 吸附时间对负载能力的影响

分别取 2.5 g 纳米 SiO_2 加入 250 mL 的 1000 mg・L^{-1} 的 $AgNO_3$ 溶液中，在 40℃分别吸附 1 h，1.5 h，2 h，2.5 h，3 h，过滤。分析滤液中 Ag^+ 浓度，考察 SiO_2 吸附量与吸附时间的关系。

5. 吸附温度对负载能力的影响

分别取 2.5 g 纳米 SiO_2 加入 250 mL mg・L^{-1} 的 $AgNO_3$ 溶液中，分别在 20℃，30℃，40℃，50℃，60℃各吸附 2 h，过滤。分析滤液中 Ag^+ 浓度，考察 SiO_2 吸附量与吸附温度的关系。

6. 银离子浓度的测定

在含有 Ag^+ 的 HNO_3 溶液中，以铁铵矾作指示剂，用 NH_4SCN 的标准溶液滴定，先析出 AgSCN 白色沉淀，在 Ag^+ 完全沉淀后，稍过量的 SCN^- 与 Fe^{3+} 生成红色[$Fe(SCN)$]$^{2+}$，指示终点到达。滴定中应控制铁铵矾的用量，使 Fe^{3+} 的浓度保持在 0.001 5 mol・L^{-1} 左右，直接滴定时应充分摇动溶液。

$$Ag^+ + SCN^- = AgSCN\downarrow \text{（白色）}$$

$$SCN^- + Fe^{3+} = [Fe(SCN)]^{2+} \text{（红色）}$$

五、数据记录与处理

在同一坐标系中绘制 SiO_2 吸附量与吸附时间的关系曲线，SiO_2 吸附量与吸附温度的关系曲线，SiO_2 吸附能力与 $AgNO_3$ 溶液原始浓度间的关系曲线。

六、问题与讨论

（1）为什么吸附温度升高到一定程度后，纳米 SiO_2 吸附速度增加的程度反而降低？

（2）本实验用什么方法测定 SiO_2 负载量？

（3）SiO_2 的粒径、比表面积对 Ag^+ 的吸附能力有何依赖关系？

实验八　金(或银)胶体的制备、光学吸收性质和稳定性(设计型实验)

一、实验目的

(1)了解贵金属纳米粒子的制备方法、性质和应用等。

(2)掌握制备金、银胶体溶液的化学还原法和光化学法,学习光化学反应装置、紫外-可见分光光度计、激光粒度仪等的使用和产物表征数据的处理方法。

(3)分析稳定剂种类对胶体溶液抵抗电解质聚沉作用的影响。

二、实验原理

1.贵金属纳米粒子的性质概述

贵金属纳米粒子与相应的金属块体材料在很多方面表现出截然不同的性质。众所周知,块体金具有黄色金属光泽,而3～20 nm的金粒子受表面等离子共振(surface plasmon resonance,SPR)效应影响而呈现红色,且其颜色随粒子的尺寸大小和形貌改变而变化,呈现橙色、酒红色、紫色等多种颜色。SPR吸收峰的位置还与粒子形状、溶液pH、保护剂种类等多种因素有关。金胶体和银胶体在光电子学、传感器、生物医学和工业催化等领域具有重要的应用价值。

2.贵金属纳米粒子的制备

制备贵金属纳米粒子的常用方法有化学还原法、辐射化学法、浸渍法等,使用的贵金属前体化合物有硝酸银、氯金酸、氯铂酸、氯化铑等,在溶液或乳液状态下借助不同方法将其还原为单质原子,通过控制物料浓度和反应速度调控粒子的成核和生长进程,最终得到特定尺寸和形貌的粒子。稳定剂的使用能确保贵金属纳米粒子分散液具有一定的胶体稳定性。较大尺寸的离子、表面活性剂、高分子可以作为贵金属纳米粒子的稳定剂,柠檬酸根、聚乙烯醇、十六烷基三甲基溴化铵、硫醇等常用于金、银胶体的制备。

以金为例,利用反应

$$[AuCl_4]^- + 3e^- = Au\downarrow + 4Cl^- \quad \varphi^\ominus = 0.93\ V$$

在化学还原条件下,使用硼氢化钠为还原剂,常温下可以在1 min内完成反应,而使用还原性较弱的柠檬酸钠则需要在煮沸状态下反应15～30 min(Frens法)。乙醇、乙二醇或聚乙烯醇等醇的使用可以加速光化学还原反应的进程,进而影响金胶体的尺寸。

Ag^+氧化性弱于Au^+,其还原反应为

$$Ag^+ + e^- = Ag\downarrow \quad \varphi^\ominus = 0.799\ V$$

采用上述合成方法同样可以制备银胶体溶液,但条件有所差异。

3.胶体溶液的稳定性

纳米粒子分散形成的胶体体系是热力学不稳定体系。一方面,粒子间倾向于相互聚结以降低表面能;另一方面,粒子间的静电斥力和表面修饰分子的位阻效应均有助于抑制粒子的团聚,保持胶体溶液的稳定。改变体系温度、电解质浓度可以破坏其稳定性,导致粒子聚沉。此时,贵金属纳米粒子的SPR吸收峰的位置和强度均会发生变化。因此,可以通过溶胶的紫外-可见吸收光谱的检测获知胶体团聚的发生。

三、仪器与试剂

仪器：紫外-可见分光光度计、磁力搅拌器、鼓风干燥箱、石英试管、比色皿、烧杯、试管、吸量管。

试剂：$AgNO_3$(0.002 5 mol·L^{-1})、$HAuCl_4$(0.002 5 mol·L^{-1})、柠檬酸钠(0.025 mol·L^{-1})、羧甲基壳聚糖溶液(1%)、NaCl(1 mol·L^{-1})、$NaBH_4$、聚乙二醇2000(PEG 2000)、十六烷基三甲基溴化铵(CTAB)、乙醇、盐酸、硝酸。

四、实验内容

1. 金(或银)胶体溶液的制备

采用化学还原法制备金(或银)胶。向50 mL烧杯中加入2 mL 0.002 5mol·L^{-1} $HAuCl_4$(或$AgNO_3$)溶液、16 mL水，2 mL柠檬酸钠溶液。将烧杯放置在磁力搅拌器上搅拌，迅速加入0.6 mL用冰水现配的1% $NaBH_4$溶液。观察溶液颜色稳定(约30 s)后，停止搅拌，得到金(或银)胶。

2. 胶体的光学吸收性质和稳定性测试

(1)测定制备的金(或银)胶体的紫外-可见吸收光谱。测试条件：以水为参比，波长扫描范围300～800 nm。

(2)将制备的金(或银)胶体溶液各2 mL分别转移到干净试管中，在暗处用激光笔照射上述溶液，观察是否存在丁达尔效应。将1 mol·L^{-1} NaCl溶液分别逐滴加入上述胶体溶液中并轻微振荡混匀，观察溶液的颜色是否发生变化以及颜色变化时NaCl溶液的用量。比较胶体在高浓度电解质存在下的稳定性，扫描加入NaCl后胶体溶液的紫外-可见吸收光谱。

五、问题与讨论

(1)依据紫外-可见分光光度计测试结果的数据文件，使用Excel或Origin软件绘制胶体溶液的紫外-可见吸收光谱，分析和讨论影响胶体粒子表面等离子共振吸收峰位置的因素。

(2)说明电解质对胶体溶液稳定性的影响。

(3)务必按量取用氯金酸和硝酸银溶液，避免浪费。用后尽快用锡箔纸包好瓶体并放回冰箱冷藏保存，避免长时间曝光发生光解。

实验九 碱式碳酸铜的制备(设计型实验)

一、实验目的

(1)通过查阅资料了解碱式碳酸铜的制备原理和方法。

(2)通过实验探求出制备碱式碳酸铜的反应物配比和合适温度。

(3)初步学会设计实验方案，以培养独立分析、解决问题以及设计实验的能力。

二、实验原理

碱式碳酸铜[$Cu_2(OH)_2CO_3$]为天然孔雀石的主要成分，呈暗绿色或淡蓝绿色，加热至200℃即分解，在水中的溶解度很小，新制备的试样在水中很易分解。

通过查阅资料弄懂以下思考题，并给出碱式碳酸铜的制备原理和方法。查阅文献过程中注意思考以下问题：

(1)哪些铜盐适合于制取碱式碳酸铜？写出硫酸铜溶液和碳酸钠溶液反应的化学方程式。

(2)探讨反应条件(如反应温度、反应物浓度及反应物配料比等)对反应产物是否有影响。

三、仪器与试剂

由学生自行列出所需仪器、试剂、材料的清单，经指导老师检查认可，方可进行实验。

四、实验内容

1.反应物溶液的配制

配制 0.5 mol·L^{-1} 的 $CuSO_4$ 溶液和 0.5 mol·L^{-1} 的 Na_2CO_3 溶液各 100 mL。

2.制备反应条件的探究

(1)$CuSO_4$ 和 Na_2CO_3 溶液的合适配比。于 4 支试管内均加入 2.0 mL 0.5 mol·L^{-1} $CuSO_4$ 溶液，再分别取 1.6 mL，2.0 mL，2.4 mL，以及 2.8 mL 0.5 mol·L^{-1} Na_2CO_3 溶液依次加入另外 4 支编号的试管中。将 8 支试管放在 75℃ 的恒温水浴中。几分钟后，依次将 $CuSO_4$溶液倒入 Na_2CO_3 溶液中，振荡试管，比较各试管中沉淀生成的速度、沉淀的数量及颜色，从中得出两种反应物溶液以何种比例相混合为最佳。

通过以上实验，总结实验规律，并进行以下思考：①各试管中沉淀的颜色为何会有差别？②何种颜色产物的碱式碳酸铜含量会最高？③若将 Na_2CO_3 溶液倒入 $CuSO_4$ 溶液，其结果是否会不同？

(2)反应温度的确定。在 3 支试管中，各加入 2.0 mL 0.5mol·L^{-1} $CuSO_4$ 溶液，另取 3 支试管，各加入由上述实验得到的合适用量的 0.5 mol·L^{-1} Na_2CO_3 溶液。从这两列试管中各取一支，将它们分别置于室温、50℃、100℃ 的恒温水浴中，几分钟后将 $CuSO_4$ 溶液倒入 Na_2CO_3 溶液中，振荡并观察现象。

由实验结果确定制备反应的合适温度，并进行以下思考：①反应温度对本实验有何影响？②反应在何种温度下进行会出现褐色产物？③这种褐色物质是什么？

3.碱式碳酸铜制备

取 60 mL 0.5 mol·L^{-1} $CuSO_4$ 溶液，根据上面实验确定的反应物合适比例及适宜温度制取碱式碳酸铜。待沉淀完全后，用蒸馏水沉淀数次，直到沉淀中不含 SO_4^{2-} 为止，吸干。

将所得产品在烘箱中于 100℃烘干，待冷至室温后，称重并计算产率。

五、问题与讨论

(1)除反应物的配比和反应温度对本实验的结果有影响外，反应物的种类、反应进行的时间等是否对产物的质量也会有影响？

(2)自行设计一个实验，来测定产物中铜及碳酸根离子的含量，从而分析所制得碱式碳酸铜质量。

第三章　基本化学原理和常数测定

实验十　摩尔气体常数 R 的测定

一、实验目的

(1)掌握理想气体状态方程、分压定律的实际应用。

(2)了解影响气体常数测定结果准确度的主要因素。

(3)学习测定气体常数的一般方法,练习其操作。

二、实验原理

理想气体是忽略了气体分子的自身体积、忽略了分子间相互作用力的假想气体状态。理想气体状态方程为

$$pV = nRT$$

对于真实气体,只有在低压、高温下,分子间相互作用力比较小,分子间平均距离比较大,分子自身的体积与气体体积相比微不足道时,才能近似地看成理想气体。通常情况下,有些真实气体,如 H_2,O_2,N_2 等,在常温、常压下能较好地符合于理想气体状态方程。在一定的 T 下,通过实验测得 p,V,n,即可根据理想气体状态方程,计算得到摩尔气体常数 R。

本实验利用铝与稀盐酸在常温、常压下反应产生氢气,测定 R 值正是基于氢气能够较好地符合理想气体状态方程,所产生的偏差较小。铝与稀盐酸的反应可制备氢气。

$$2Al + 6HCl = 2AlCl_3 + 3H_2 \uparrow$$

用电子分析天平准确称取一定质量的 $Al(W_{Al})$,与过量的稀盐酸反应,在一定温度和压力下,由量气装置(见图 3-1)测量反应产生的氢气体积 $V(H_2)$,由反应方程式和铝的质量可计算出氢气的物质的量 $n(H_2)$,将这些数据代入理想气体状态方程中,即可计算得到摩尔气体常数 R 为

$$R = \frac{p(H_2)V(H_2)}{n(H_2)T}$$

其中

$$n(H_2) = \frac{3W_{Al}}{2M_{Al}}$$

式中,W_{Al} 为铝片的质量;M_{Al} 为铝的相对原子质量。

$$V(H_2) = V_2 - V_1$$

式中,V_1 为反应前量气管体积;V_2 为反应后量气管体积。

由于氢气是在水面上收集的,其中必混有水气,由分压定律可知,氢气的分压 $p(H_2)$ 应为

$$p(H_2) = p - p(H_2O)$$

式中，p 为实验时的大气压，由温度气压表读取；$p(H_2O)$为实验温度下，水的饱和蒸气压(由附录七查出)。

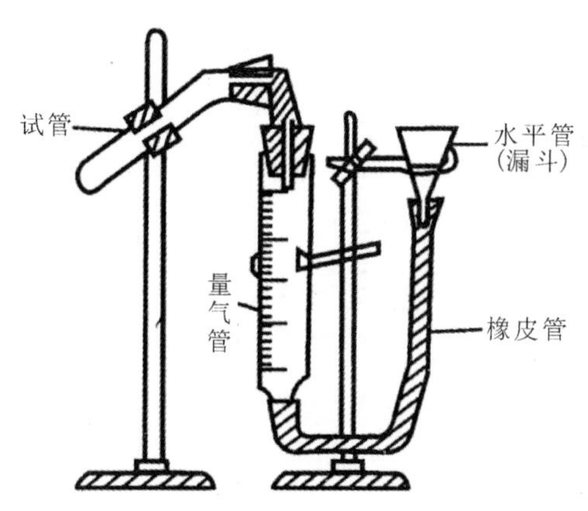

图 3-1　测定摩尔气体常数 R 的实验装置

室温 t 是实验室的温度，由温度气压表读取。热力学温度 T 与摄氏温度 t 之间的换算，可用下式表示：

$$T=t+273.15$$

三、仪器、材料与试剂

仪器与材料：测定摩尔气体常数装置(见图 3-1)、温度气压表、电子分析天平、量筒(10 mL)、烧杯(100 mL)、滴管、细纱布、滤纸条、细铜丝。

试剂：盐酸(6 $mol \cdot L^{-1}$)、铝片。

四、实验内容

(1)在电子分析天平上准确称取铝片质量(0.023 0 ～0.030 0 g 为好)，并记录(准确至小数点后第四位)。

(2)按图 3-1 安装好量气装置。

(3)用烧杯往量气管中加入一定量的水，至水面略低于"0.00"。上下迅速移动水平管几次，以赶尽附着在量气管和橡皮管内壁的气泡，直至液面无气泡逸出为止。

(4)反应前，首先要检查量气装置的气密性。先将试管塞塞紧，将水平管向下(或向上)移动一段距离，放在固定位置，如果液面不断下降(或上升)，说明装置漏气，应检查各连接部位是否严密，调整各连接部位，直至不漏气为止。

(5)用 10 mL 的小量筒量取 6 $mol \cdot L^{-1}$ 的盐酸 5 mL，再用滴管把量筒中的盐酸小心地注入反应管中(注意勿使反应管上部被盐酸沾湿，为什么？如已沾湿，必须用滤纸条擦干。在此操作中还有什么技巧吗?)。

(6)将铝片折叠成小块，用打磨过的细铜丝均匀交叉缠绕(为什么?)，小心地放在反应管的水平处(切勿使铝片落入反应管底部的盐酸中，为什么?)，塞紧橡皮塞，将反应管用铁夹固定。

(7)再次检查量气装置的气密性。若不漏气，调整水平管的位置，使量气管内水面与水平管内水面在同一平面上(为什么?)，然后准确读出 V_1(应读到小数点后第二位)。读数时，应看水面的凹液面的底部，并且眼睛应该与液面相平(见图 3-2)。

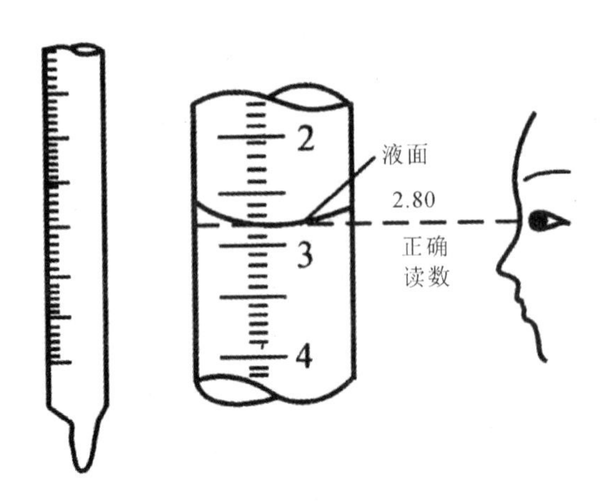

图 3-2 量气管读数示意图

(8)轻轻弹动试管,使铝片滑入盐酸中发生反应。为了不使反应产生的氢气使量气管内气压过大而发生漏气,应该随着量气管液面的下降,使水平管慢慢随之下移,始终保持水平管与量气管内水面基本相平。

(9)反应停止后,移动水平管,使与量气管内水面相平,记录液面位置。等待 1～3 min(能否无限延时? 为什么?),再记录液面位置。如此反复操作,直至前后两次记录的液面位置相差不超过 0.05 mL 时,即表示管内气体的温度已与室温一致,记录此时量气管读数 V_2(读到小数点后第二位)。

(10)由温度气压表读取实验室的室温 t,大气压 p,查出此室温时水的饱和蒸气压$p(H_2O)$。

五、数据记录与处理

1.数据记录

铝片质量	$W_{Al}=$	g	
反应前量气管中水面读数	$V_1=$	mL =	m^3
反应后量气管中水面读数	$V_2=$	mL =	m^3
室温	$t=$	℃ =	K
大气压	$p=$	kPa =	Pa
室温时水的饱和蒸气压	$p(H_2O)=$	Pa	

2.结果处理

氢气体积	$V(H_2)=V_2-V_1=$	m^3
氢气分压	$p(H_2)=p-p(H_2O)=$	Pa
氢气物质的量	$n(H_2)=\dfrac{3W_{Al}}{2M_{Al}}=$	mol
摩尔气体常数	$R=\dfrac{p(H_2)V(H_2)}{n(H_2)T}=$	$J\cdot mol^{-1}\cdot K^{-1}$
摩尔气体常数理论值	$R_0=8.3145\ J\cdot mol^{-1}\cdot K^{-1}(Pa\cdot m^3\cdot mol^{-1}\cdot K^{-1})$	
相对误差	$E=\dfrac{\lvert R-R_0\rvert}{R_0}\times 100\%=$	

注意：本实验要求相对误差应小于5%。若未达要求，应立即重做实验；若相对误差在1%～5%之间，在实验报告中应分析可能产生误差的原因。

六、问题与讨论

(1)实验中测得氢气的体积与相同温度、压力下等物质的量干燥氢气的体积是否相同？

(2)反应前量气管上部留有空气，反应后计算氢气的物质的量时为什么不考虑空气的分压？

(3)讨论下列情况对实验测定的 R 值有何影响：①量气管内气泡没赶尽；②读 V_2 时量气管温度未冷却到室温；③反应过程中装置漏气；④铝片表面有氧化膜；⑤反应过程中，如果从量气管压入水平管中的水过多而从水平管上端流出；⑥记录液面位置时，量气管与水平管的液面不水平；⑦铝片称量不准确。

七、温度气压表的使用

TPS型数字式温度气压计适用于温度和气压的同时测量，数据直观，使用方便。仪器选用精密气压传感器和温度传感器，将气压和温度信号转换为电信号，直接读取。温度量程为0～99.99℃，分辨率为0.01℃；气压量程为101.3 kPa ± 20 kPa，分辨率为0.1 kPa。

使用方法如下：

(1)将仪器放置在空气流动较小，不易受到干扰的平台上。

(2)打开电源开关，预热15 min，待信号稳定后，直接读取当前实验室温度及当前大气压。

(3)注意气压传感器输入口不能进水或其他杂物；温度传感器请勿折压，以防止折断。

(4)仪器上面请勿放置任何物品，防止压、碰、腐蚀仪器外壳，以免影响仪器信号的准确性。

实验十一　Zn与$CuSO_4$化学反应热效应的测定

一、实验目的

(1)了解化学反应热效应的测定原理和方法。

(2)学会采用外推法求反应前后系统的温度变化值。

二、实验原理

化学反应大都伴随有热量的变化，反应热就是表示反应体系吸收和放出热量的大小。Zn与$CuSO_4$反应是一个自发进行的放热反应，在298.15 K标准状况下，1 mol Zn置换$CuSO_4$溶液中的铜离子时，放出216.8 kJ的热量，即

$$Zn + CuSO_4 = ZnSO_4 + Cu$$

$$\Delta_r H_m^{\ominus} = -216.8\ kJ \cdot mol^{-1}$$

本实验是用足量的锌粉与一定浓度的稀硫酸铜在绝热反应器中反应，通过测定反应前后体系的温度变化，根据能量守恒定律，采用以下公式求出该置换反应放出的热量 Q：

$$Q = \Delta TCdV + \Delta TC_p \qquad (3-1)$$

设量热器本身吸收热量 ΔTC_p 可以忽略，则反应热效应 $\Delta_r H_m^{\ominus}$ 可利用以下进行计算：

$$\Delta_r H_m^{\ominus} = -\frac{Q}{n} = -\frac{\Delta TCdV}{1000n} \qquad (3-2)$$

式中，Q 代表 Zn 与 $CuSO_4$ 反应时放出的热量(kJ)；$\Delta_r H_m^\ominus$ 是反应热效应($kJ \cdot mol^{-1}$)；ΔT 是反应前后的温度变化(K)；C 是溶液的比热，近似以纯水在 25℃的比热 4.18 $J \cdot g^{-1} \cdot K^{-1}$ 代替；d 是溶液的密度，近似以纯水的密度 1.00 $g \cdot mL^{-1}$ 代替；n 是 V(mL)溶液中 $CuSO_4$ 的物质的量；1000 是换算因子。

根据反应热效应 $\Delta_r H_m^\ominus$ 计算公式，只要已知 $CuSO_4$ 溶液的摩尔浓度，测定其与足量锌粉反应的前后温差，就可求出反应的热效应。

三、仪器与试剂

仪器：CXJ－2 型化学生成热测定仪、移液管(50 mL)、洗耳球、台秤。

试剂：$CuSO_4$(0.2 $mol \cdot L^{-1}$)、锌粉。

四、实验内容

(1)打开化学生成热测定仪(见图 3－3)的仪器盖，取出保温杯。洗干净保温杯并用吸水纸擦干。

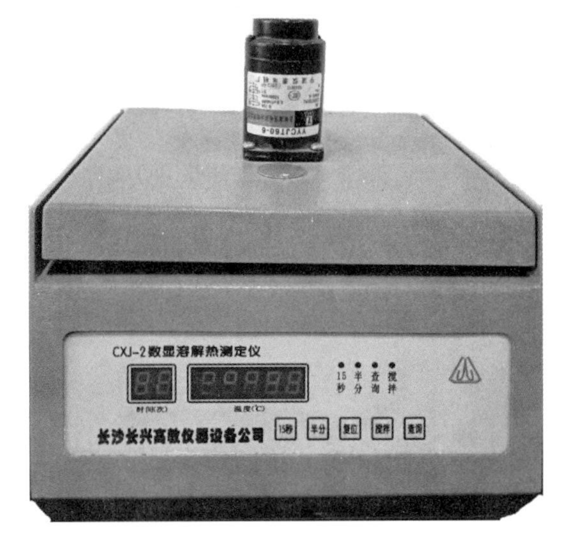

图 3－3　CX－2 型化学生成热测定仪

(2)用少量已标定的 $CuSO_4$ 溶液润洗移液管 2～3 次，然后准确吸取 100 mL 的 $CuSO_4$ 溶液于保温杯中。

(3)将保温杯放入仪器中，盖上盖子，按下搅拌按钮，开始搅拌。

(4)按每隔 0.5 min 记录温度一次，读到小数点后两位。等到溶液与量热器温度达到平衡并保持 2 min 内不变后，此时的温度即为反应初始温度 T_1。

(5)将已经称好的 3 g 锌粉加入反应器的小孔中，盖好盖子，每隔 0.25 min 记录一个对应温度。当温度升到最高点时，记录下对应的温度 T_2' 与时间 θ。此后每 0.5 min 记录一个对应温度，继续记录温度与时间点 6 个(3 min)后结束实验。

(6)取出保温杯，将废液倒入废液桶中，洗净保温杯放回原处。经教师检查数据后，方可离开实验室。

五、数据记录与处理

1. 数据记录(见表 3－1)

$CuSO_4$ 溶液的浓度________mol·L^{-1}，用量________mL，锌粉________g。

表 3-1　反应时间与温度的变化关系

时间 θ/min								
温度/℃								
时间 θ/min								
温度/℃								
时间 θ/min								
温度/℃								

2. *数据处理——作图法求 ΔT*

由于实验所用的量热器并非是一个严格的绝热装置，因此实验中，量热器不可避免地要吸收一部分热量并和外界进行一部分热交换。加上温度滞后指示等各种原因使体系与外界存在部分热交换，故本实验中加锌粉后测得的温度均略低于完全绝热状态下体系应该升到的温度，同样体系最高观测点的温度不能代表实际应该升到的最高温度。这样从实验中直接由温度指示所读的最高温度 T_2 偏离准确值，为此，应对实验所得的最高温度予以矫正。常采用的是外推作图矫正法。以时间为横坐标(单位为 min)，温度为纵坐标(单位为℃)，作温度-时间关系图(见图 3-4)。

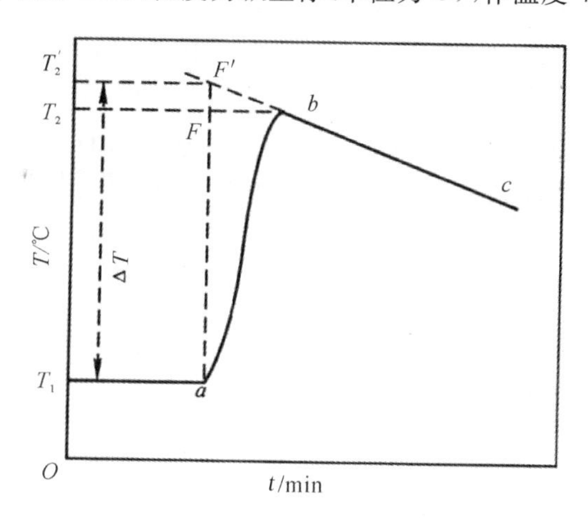

图 3-4　反应时间与温度关系

由图 3-4 可以看出，此图可分为三个部分：第一部分即为加锌粉之前的恒温直线 T_1a 段，是一条平行于横坐标的直线；第二部分是升温曲线 ab 段，由于反应放热的原因，体系温度迅速上升；第三部分为降温直线 bc 段，它是体系温度因热量损失随时间下降的点连成的近似直线。其中，a 为锌粉的加入点，b 为实验观测的最高温度点。体系实际最高温度点可近似由降温直线的反向延长线与过 a 点平行于纵坐标的直线的交点 F' 所对应纵坐标来代替，由 b 点作平行于横坐标的直线，与 aF' 直线相交于 F 点，FF' 线段即为反应中的热量损失引起的温降 Δt。

$$\Delta T = T_2' - T_1 + \Delta t = T_2 - T_1$$

将求得的 ΔT 代入公式(3-2)即可求出反应热 $\Delta_r H_m^\ominus$。

3. *误差分析*

由下列计算公式计算相对误差

$$相对误差 = \left| \frac{\Delta_r H^{\theta}_{m理论} - \Delta_r H^{\theta}_{m}}{\Delta_r H^{\theta}_{m理论}} \right| \times 100\%$$

如果相对误差大于10%，分析误差产生的原因。

六、问题与讨论

(1)实验中为什么用移液管移取已标定的$CuSO_4$溶液，而不用量筒量取？

(2)计算公式中T为什么不能直接由实验数据中的最高温度减去反应前的恒温温度点得到？应怎样才能补偿体系的热量损失？

实验十二　化学反应速度

一、实验目的

(1)掌握化学反应速度的测定方法。

(2)了解浓度、温度、催化剂对反应速度的影响。

(3)利用作图方法求解化学反应的实验活化能。

二、实验原理

在酸性水溶液中，$KBrO_3$与KI发生以下反应：

$$6KI + KBrO_3 + 6NaHSO_4 = 3I_2 \downarrow + KBr + 3K_2SO_4 + 3Na_2SO_4 + 3H_2O$$

其离子反应方程式为

$$6I^- + BrO_3^- + 6H^+ = 3I_2 \downarrow + Br^- + 3H_2O \quad (3-3)$$

该反应的反应速度可表示为

$$v = \frac{\Delta c(BrO_3^-)}{\Delta t} = kc^x(BrO_3^-)c^y(I^-)$$

式中，v为反应的平均速度；$\Delta c(BrO_3^-)$是BrO_3^-在Δt时间内物质的量的浓度的变化值；$c(BrO_3^-)$和$c(I^-)$分别为反应物BrO_3^-和I^-的起始浓度($mol \cdot L^{-1}$)；k为反应的速度常数；两反应物的幂次之和$(x+y)$为反应的级数。

从以上可以看出，在本实验中只要测定出在Δt时间内BrO_3^-的浓度的改变值，就可以计算出反应速度表达式中的速度常数k和反应级数$(x+y)$。

1.反应速度常数k的求取

由于反应一开始，就有产物I_2生成，这样就无法利用淀粉指示剂表明在Δt时间内反应(3-3)的变化情况。为了测定在一定时间(Δt)内BrO_3^-浓度的变化量，可向KI溶液中先加入一定体积已知浓度的硫代硫酸钠($Na_2S_2O_3$)和淀粉溶液，然后再与用$NaHSO_4$酸化后的$KBrO_3$溶液混合。这样在反应(3-3)进行的同时，还发生以下反应：

$$2S_2O_3^{2-} + I_2 = S_4O_6^{2-} + 2I^- \quad (3-4)$$

由于反应(3-4)的反应速度比反应(3-3)快得多，由反应(3-3)生成的I_2会立即与$S_2O_3^{2-}$反应，生成无色的连四硫酸根$S_4O_6^{2-}$和碘离子I^-，这样在反应开始后的一段时间内就看不到碘与淀粉作用而显示出的蓝色，一旦$Na_2S_2O_3$消耗完后，由反应(3-3)生成的微量碘就立即与淀粉作用，使溶液显示蓝色。从反应(3-3)和(3-4)的物质量的关系可以看出，反应(3-3)每消耗1 mol BrO_3^-，反应(3-4)就会消耗6 mol $S_2O_3^{2-}$，因此它们浓度变化量的关系应为

$$\Delta c(BrO_3^-)=\frac{\Delta c(S_2O_3^{2-})}{6}$$

由于在记录的 Δt 时间内，$S_2O_3{}^{2-}$ 全部消耗完，浓度变为零，所以 $\Delta c(S_2O_3{}^{2-})$ 就是 $Na_2S_2O_3$ 的起始浓度。这样就可以利用 $Na_2S_2O_3$ 的起始浓度值代替在 Δt 时间内 $\Delta c(S_2O_3{}^{2-})$ 的值，它们之间的关系应为

$$\frac{\Delta c(BrO_3^-)}{\Delta t}=\frac{\Delta c(S_2O_3^{2-})}{6\Delta t}=kc^x(BrO_3^-)c^y(I^-)$$

因此

$$k=\frac{\Delta c(S_2O_3^{2-})}{6\Delta t c^x(BrO_3^-)c^y(I^-)} \tag{3-5}$$

2. 反应级数的求取

在一定温度条件下，固定 $c(BrO_3{}^-)$，改变 $c(I^-)$；或固定 $c(I^-)$，改变 $c(BrO_3{}^-)$，可以测定出不同条件下的 v 值。在固定 $c(I^-)$ 而改变 $c(BrO_3{}^-)$ 时，利用下面的关系即可求出该反应中 $c(BrO_3{}^-)$ 的幂次方(x)的值。

$$\frac{v_1}{v_2}=\frac{kc_1^x(BrO_3^-)c^y(I^-)}{kc_2^x(BrO_3^-)c^y(I^-)}=\frac{c_1^x(BrO_3^-)}{c_2^x(BrO_3^-)}$$

又因为 $\frac{v_1}{v_2}=\frac{\Delta t_2}{\Delta t_1}$，代入上式取对数并整理可得

$$x=\frac{\ln\frac{\Delta t_2}{\Delta t_1}}{\ln\frac{c_1(BrO_3^-)}{c_2(BrO_3^-)}} \tag{3-6}$$

同理，若 $c(BrO_3{}^-)$ 不变而改变 $c(I^-)$ 则可求出 y 值，$x+y$ 的值即为该反应的级数。已知本实验中 $x=1$，$y=1$(x，y 均为实验测出值)。

3. 反应活化能的求取

按照阿累尼乌斯公式，化学反应的速度与反应的温度之间的关系应为

$$\lg\frac{k}{[k]}=\frac{-E_a}{2.303RT}+A \tag{3-7}$$

式中，E_a 为反应的实验活化能；R 为摩尔气体常数($R=8.314\ J\cdot mol^{-1}\cdot K^{-1}$)；$T$ 为温度(K)；A 为常数(对于同一反应 A 为定值)。

根据实验数据计算出不同温度下的 k 值，以 $\lg\frac{k}{[k]}$ 对 $\frac{1}{T}$ 作图，可得一条直线(见图 3-5)，直线的斜率为 $\frac{-E_a}{2.303R}$。而从图可知斜率等于 a/b，a 和 b 值均可通过作图法求出，所以 $\frac{a}{b}=\frac{-E_a}{2.303R}$，即

$$E_a=-2.303R\frac{a}{b}\quad (J\cdot mol^{-1}) \tag{3-8}$$

$$a=\lg k_2-\lg k_1$$

$$b=\frac{1}{T_2}-\frac{1}{T_1}$$

式中，a 为正值，而 b 为负值，求算出来的活化能 E_a 为一大于 0 的值。

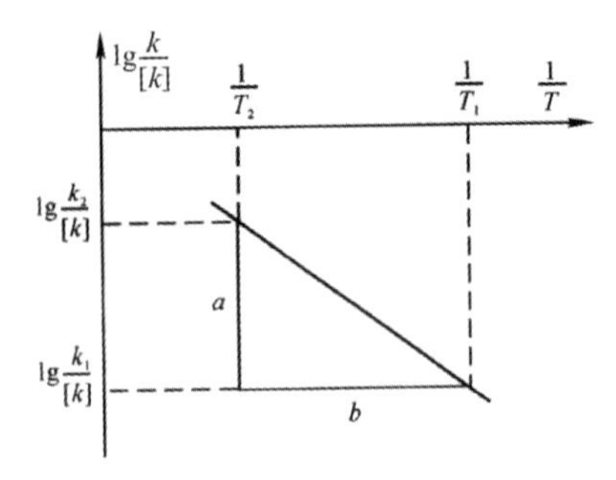

图 3-5　作图法求反应活化能

三、仪器与试剂

仪器：数显恒温水浴、电动磁力搅拌器、机械秒表、玻璃试管（25 mL）、玻璃烧杯（150 mL）、玻璃量杯（10 mL）、玻璃烧杯（50 mL）、玻璃温度计（0～100℃）、玻璃棒。

试剂：KI（$0.01\ mol\cdot L^{-1}$）、$KBrO_3$（$0.04\ mol\cdot L^{-1}$）、$Na_2S_2O_3$（$0.001\ mol\cdot L^{-1}$）、$NaHSO_4$（$0.01\ mol\cdot L^{-1}$）、KNO_3（$0.01\ mol\cdot L^{-1}$、$0.04\ mol\cdot L^{-1}$）、$(NH_4)_6Mo_7O_{24}\cdot 4H_2O$（$0.06\ mol\cdot L^{-1}$）、淀粉指示剂（0.2%）。

四、实验内容

1. 浓度对化学反应速度的影响

在室温下用两个量杯分别量取 $0.01\ mol\cdot L^{-1}$ 的 KI 溶液 10 mL，$0.001\ mol\cdot L^{-1}$ 的 $Na_2S_2O_3{}^{2-}$ 10 mL 和 0.2%的淀粉指示剂 2 mL，加入 150 mL 特制玻璃烧杯中，放入拌磁子并开启磁力搅拌器使之均匀混合。再用相应的量杯量取 $0.04\ mol\cdot L^{-1}$ 的 $KBrO_3$ 溶液 10 mL 和 $0.01\ mol\cdot L^{-1}$ 的 $NaHSO_4$ 溶液 10 mL，加入到 50 mL 烧杯中，并轻轻转动使之均匀后迅速注入到正在搅拌中的 150 mL 特制玻璃烧杯中，同时开启秒表计时。当溶液刚刚出现蓝色时，立即停表，关闭磁力搅拌器并记录时间，填入实验表格中的第一栏中。

用同样的方法，按照表 3-2 中第 2 和 3 栏各试剂的用量进行另外两次实验。表 3-2 中的 KNO_3 是为了补足反应体系的总体积并保持相关物质的离子强度而加入的。

表 3-2　浓度、催化剂对反应速度的影响实验试剂用量　　单位：mL

实验编号		1	2	3	4
试剂用量	KI（$0.01\ mol\cdot L^{-1}$）	10	5	10	5
	$KBrO_3$（$0.04\ mol\cdot L^{-1}$）	10	10	5	10
	$Na_2S_2O_3$（$0.001\ mol\cdot L^{-1}$）	10	10	10	10
	$NaHSO_4$（$0.01\ mol\cdot L^{-1}$）	10	10	10	10
	淀粉指示剂（0.2%）	2	2	2	2
	KNO_3（$0.01\ mol\cdot L^{-1}$）	0	5	0	5
	KNO_3（$0.04\ mol\cdot L^{-1}$）	0	0	5	0
	$(NH_4)_6Mo_7O_{24}\cdot 4H_2O$（$0.06\ mol\cdot L^{-1}$）	0	0	0	1滴

续表

实　验　编　号		1	2	3	4
反应物的起始浓度即混合后浓度	KI				
	$KBrO_3$				
	$Na_2S_2O_3$				
反应时间 t/s					
反应速度常数 k					

2. 催化剂对化学反应速度的影响

按照表 3－2 中的试剂用量，向 150 mL 特制玻璃烧杯加入 1 滴钼酸铵溶液，再将 50 mL 混合溶液注入，其余操作方法相同。实验结果与反应物浓度相同而未加催化剂的相比较。

3. 温度对化学反应速度的影响

(1)在 25 mL 试管 1 中加入 5 mL $KBrO_3$(0.04 mol・L^{-1})和 5 mL $NaHSO_4$(0.1 mol・L^{-1})溶液；在另一 25 mL 试管 2 中加入 5 mL KI(0.01 mol・L^{-1})溶液、5 mL $Na_2S_2O_3$(0.001 mol・L^{-1})和 2 mL 淀粉(0.2%)溶液。

(2)在室温下把试管 1 中的溶液迅速倒入试管 2 中，立即卡表记录时间(从溶液混合开始，到刚一出现蓝色时为止这一段时间)，并用玻璃棒上下搅动溶液，使溶液混合均匀(注意：记录时间以秒为单位，应读至小数点后一位)。

(3)分别在高于室温约 10℃，20℃，30℃的恒温槽中重复上述实验。注意先将两试管分别置于恒温槽恒温 5～8 min，而后将装有 $KBrO_3$ 溶液的试管 1 取出，并迅速注入仍在恒温槽保温的试管 2 中，并在水浴中用玻璃棒搅匀，并记录反应时间和温度。

(4)将上述四次实验数据填入表中并计算 k 值、$\lg\frac{k}{[k]}$值和$\frac{1}{T}$值。

4. 用作图法求出反应的活化能

(1)以实验报告中求出的$\frac{1}{T}$值为横坐标，$\lg\frac{k}{[k]}$值为纵坐标作图(为一条直线)。

(2)由图求出直线的斜率$\frac{a}{b}$。

(3)由公式(3－8)：斜率 $=\frac{a}{b}=\frac{-E_a}{2.303R}$，即 $E_a=-2.303R\frac{a}{b}$ J・mol^{-1}。

五、问题与讨论

(1)为什么不能按质量作用定律直接写出反应的速度方程 $v=kc(BrO_3^-)c^6(I^-)$？

(2)浓度和温度对反应速度的影响有何差异？

(3)反应时试剂的浓度是否与该试剂的起始浓度相同？

(4)若不用 BrO_3^- 而用 I^- 或 I_3^- 的浓度变化来表示反应速度，所求出的速度常数是否相同？

(5)实验中为什么可以用溶液出现蓝色的时间长短来计算反应速度？反应体系中一旦出现蓝色，反应是否就终止了？

(6)下列情况对实验结果有何影响:①取用 6 种试剂的量杯没有分开使用;②不加或少加 $NaHSO_4$ 溶液;③慢慢加入 $KBrO_3$ 混合溶液;④反应体系不加搅拌。

(7)本实验求出的 k 值与真实的 k 值有哪些区别?

实验十三 醋酸电离度和电离常数的测定——pH 法

一、实验目的

(1)测定醋酸的电离度和电离常数;

(2)学习 pH 计的使用。

二、实验原理

$$HAc \rightarrow H^+ + Ac^-$$

$$\alpha = \frac{[H^+]}{[HAc]} \times 100\%$$

$$K_a = \frac{[H^+][Ac^-]}{[HAc]} = \frac{[H^+]^2}{c-[H^+]}$$

式中,α 为电离数;K_a 为平衡常数;c 为 HAc 的起始浓度;$[H^+]$,$[Ac^-]$,$[HAc]$为平衡浓度。

当 $\alpha<5\%$时,$[H^+]\approx[Ac^-]$,且$[H^+]$远小于 c,所以 $K_a\approx\frac{[H^+]^2}{c}$

根据以上关系,通过测定已知浓度 HAc 溶液的 pH($pH=-\lg[H^+]$,$[H^+]=10^{-pH}$),就可算出$[H^+]$,从而可以计算该 HAc 溶液的电离度和平衡常数。

三、仪器与试剂

仪器:滴定管、吸量管(5 mL)、容量瓶(50 mL)、pH 计、玻璃电极、甘汞电极。

试剂:HAc 标准溶液(0.200 $mol\cdot L^{-1}$)、NaOH 标准溶液(0.200 $mol\cdot L^{-1}$)、酚酞指示剂、标准缓冲溶液(pH = 6.86 和 pH = 4.00)。

三、实验内容

1. HAc 溶液浓度的测定(碱式滴定管)

以酚酞为指示剂,用已知浓度的 NaOH 溶液测定 HAc 的浓度(见表 3-3)。

表 3-3 利用 NaOH 测定 HAc 浓度的实验数据记录表

滴定序号	1	2	3
V_{HAc}/mL	25.00	25.00	25.00
$c_{NaOH}/(mol\cdot L^{-1})$			
V_{NaOH}/mL			
c_{HAc} 测定值			
c_{HAc} 平均值			

2. 配制不同浓度的 HAc 溶液

用移液管或吸量管分别取 2.50 mL,5.00 mL,25.00 mL 已测得准确浓度的 HAc 溶液,分别加入3只50 mL容量瓶中，用去离子水稀释至刻度，摇匀，并计算出三个容量瓶中HAc溶液的准确浓度。将溶液从稀到浓排序编号为1，2，3，原溶液为4号。

3.测定HAc溶液的pH，并计算HAc的电离度、电离常数

把以上四种不同浓度的HAc溶液分别加入4只洁净干燥的50mL烧杯中，按由稀到浓的顺序在pH计上分别测定它们的pH，并记录数据和室温。将数据填入表3-4，计算HAc电离度和电离常数，K_a值在1.0×10^{-5}～2.0×10^{-5}范围内合格（文献值：25℃ 1.76×10^{-5}）。

表3-4　不同浓度HAc溶液的pH，氢离子浓度和K_a

溶液编号	HAc溶液稀释倍数	pH	$[H^+]/(mol\cdot L^{-1})$	$\alpha/(\%)$	电离常数K_a
1	20				
2	10				
3	2				
4	1				

四、问题与讨论

（1）若所用HAc溶液的浓度极稀，是否还能用近似公式$K_a=[H^+]^2/c$来计算K_a？为什么？

（2）改变所测HAc溶液的浓度或温度，结果有无变化？

（3）烧杯是否必须烘干？还可以做怎样的处理？

五、注意事项

（1）测定HAc溶液的pH时，要按溶液从稀到浓的次序进行，每次换测量液时都必须清洗电极，并吸干，保证待测溶液浓度不变，减小误差。

（2）pHs-PI酸度计使用时，先用标准pH溶液校正。

（3）玻璃电极的球部特别薄，要注意保护，安装时略低于甘汞电极，使用前用去离子水浸泡48 h以上。

（4）甘汞电极使用时应拔去橡皮塞和橡皮帽，内部无气泡，并有少量结晶，以保证KCl溶液是饱和的，用前将溶液加满，用后将橡皮塞和橡皮帽套好。

六、pHs-PI酸度计的使用方法

1.定位

将洗净的电极插入pH = 6.86的缓冲溶液中，调节TEMP（温度）旋钮，使指示的温度与溶液温度一致。打开电源开关，再调节CALIB（校准）旋钮，使仪器显示的pH与该缓冲溶液在此温度下的pH相同。

2.调节斜率

把电极从缓冲溶液中取出，洗净，吸干，插入pH = 4.0的缓冲溶液中，调SLOPE（斜率）旋钮，使仪器显示的pH与该溶液在此温度下的pH相同，标定结束（测量碱性溶液时，用pH = 9的缓冲溶液调节斜率）。

3.pH测定

调节好的旋钮就不要再动，将待测溶液分别进行测量，待读数稳定时记录pH。

实验十四　电离平衡和沉淀反应

一、实验目的

(1)掌握并验证同离子效应对弱电解质解离平衡的影响。

(2)学习缓冲溶液的性质，并验证其缓冲作用。

(3)掌握并验证浓度、温度对盐类水解平衡的影响。

(4)了解沉淀的生成和溶解条件以及沉淀的转化。

二、实验原理

弱电解质溶液中加入含有相同离子的另一强电解质时，弱电解质的解离程度降低，这种效应称为同离子效应。

弱酸及其盐或弱碱及其盐的混合溶液，当将其稀释或在其中加入少量的酸或碱时，溶液的pH改变很少，这种溶液称作缓冲溶液。缓冲溶液的pH(以HAc和NaAc为例)可用下式计算：

$$pH=pK_a^{\ominus}-\lg\frac{c(\text{酸})}{c(\text{盐})}=pK_a^{\ominus}-\lg\frac{c(HAc)}{c(Ac^-)}$$

在难溶电解质的饱和溶液中，未溶解的难溶电解质和溶液中相应的离子之间建立了多相离子平衡。例如在PbI_2饱和溶液中，建立了如下平衡：

$$PbI_2(\text{固})\rightleftharpoons Pb^{2+}+2I^-$$

其平衡常数的表达式为$K_{sp}^{\ominus}=c(Pb^{2+})c(I^-)^2$，称为溶度积。

根据溶度积规则可判断沉淀的生成和溶解，当将$Pb(Ac)_2$和KI两种溶液混合时，如果：

(1)$c(Pb^{2+})c(I^-)^2>K_{sp}^{\ominus}$，溶液过饱和，有沉淀析出。

(2)$c(Pb^{2+})c(I^-)^2=K_{sp}^{\ominus}$，饱和溶液。

(3)$c(Pb^{2+})c(I^-)^2<K_{sp}^{\ominus}$，溶液未饱和，无沉淀析出。

使一种难溶电解质转化为另一种难溶电解质(即把一种沉淀转化为另一种沉淀)的过程称为沉淀的转化，对于同一种类型的沉淀，溶度积大的难溶电解质易转化为溶度积小的难溶电解质。对于不同类型的沉淀，能否进行转化，要具体计算溶解度。

三、仪器、材料与试剂

仪器与材料：试管、角匙、小烧杯(100 mL)、量筒、pH试纸。

试剂：HAc(0.1 $mol\cdot L^{-1}$、0.10 $mol\cdot L^{-1}$)、HCl(0.1 $mol\cdot L^{-1}$、2 $mol\cdot L^{-1}$)，$NH_3\cdot H_2O$(0.1 $mol\cdot L^{-1}$、2 $mol\cdot L^{-1}$)、NaOH(0.1 $mol\cdot L^{-1}$)、NaAc(1 $mol\cdot L^{-1}$，0.1 $mol\cdot L^{-1}$)、NH_4Cl(1 $mol\cdot L^{-1}$)、$BiCl_3$(0.1 $mol\cdot L^{-1}$)、$MgSO_4$(0.1 $mol\cdot L^{-1}$)、$ZnCl_2$(0.1 $mol\cdot L^{-1}$)、$Pb(NO_3)_2$(0.01 $mol\cdot L^{-1}$)、Na_2S(0.1 $mol\cdot L^{-1}$)、KI(0.02 $mol\cdot L^{-1}$)、NH_4Ac、酚酞、甲基橙。

四、实验内容

1. 同离子效应和缓冲溶液

(1)在试管中加入2 mL 0.1 $mol\cdot L^{-1}$氨水，再加入1滴酚酞溶液，观察溶液显什么颜色。再加入少量NH_4Ac固体，摇动试管使其溶解，观察溶液颜色有何变化。说明原因。

(2)在试管中加入 2 mL 0.1 mol·L^{-1} HAc，再加入 1 滴甲基橙，观察溶液显什么颜色。再加入少量 NH_4Ac 固体，摇动试管使其溶解，观察溶液颜色有何变化。说明原因。

(3)在 50 mL 的烧杯中加入 10 mL HAc 溶液(2 mol·L^{-1})和 10 mL NaAc 溶液(2 mol·L^{-1})，搅拌均匀，用精密 pH 试纸测定其 pH。然后将溶液分成三份，一份加入 2 滴 3 mol·L^{-1} H_2SO_4 溶液，另一份加入 3 滴 2 mol·L^{-1} NaOH 溶液，第三份加蒸馏水稀释 1 倍，分别测定所得溶液的 pH，并与原溶液比较。

(4)在 50 mL 的烧杯中加入 20 mL 蒸馏水，用广泛 pH 试纸测定其 pH。然后将溶液分成两份，一份加入 2 滴 3 mol·L^{-1} H_2SO_4 溶液，另一份加入 3 滴 2 mol·L^{-1} NaOH 溶液，分别测定所得溶液的 pH，并与原溶液比较。

比较(3)和(4)的实验结果，请说明缓冲溶液的作用是什么，并分析缓冲溶液的作用原理。

2. 盐类的水解和影响水解的因素

(1)酸度对水解平衡的影响。

在试管中加入 2 滴 0.1 mol·L^{-1} $BiCl_3$ 溶液，加入 1 mL 水，观察沉淀的产生，往沉淀中滴加 2 mol·L^{-1} HCl 溶液，至沉淀刚好消失。

$$BiCl_3 + H_2O \rightleftharpoons BiOCl\downarrow + 2HCl$$

(2)温度对水解平衡的影响。

取绿豆大小的 $Fe(NO_3)_3\cdot 9H_2O$ 晶体，用少量蒸馏水溶解后，将溶液分成两份，第一份留作比较，第二份用 80℃水浴加热。溶液发生什么变化？说明加热对水解的影响。

3. 沉淀的生成和溶解

(1)在试管中加入 1 mL 0.1 mol·L^{-1} $MgSO_4$ 溶液，加入 2 mol·L^{-1} 氨水数滴，此时生成的沉淀是什么？再向此溶液中加入 1 mol·L^{-1} NH_4Cl 溶液，观察沉淀是否溶解。解释观察到的现象，写出相关反应方程式。

(2)取 2 滴 0.1 mol·L^{-1} $ZnCl_2$ 溶液加入试管中，加入 2 滴 0.1 mol·L^{-1} Na_2S 溶液，观察沉淀的生成和颜色，再在试管中加入数滴 2 mol·L^{-1} HCl，观察沉淀是否溶解。写出相关反应方程式。

4. 沉淀的转化

取 10 滴 0.01 mol·L^{-1} $Pb(NO_3)_2$ 溶液加入试管中，加入 2 滴 0.02 mol·L^{-1} KI 溶液，振荡，观察沉淀的颜色，再在其中加入 0.1 mol·L^{-1} Na_2S 溶液，边加边振荡，直到黄色消失，黑色沉淀生成为止，解释观察到的现象，写出相关反应方程式。

5. 分步沉淀

(1)在试管中加入 0.1 mol·L^{-1} Na_2S 溶液 1 滴和 0.1 mol·L^{-1} K_2CrO_4 溶液 2 滴，用去离子水稀释至 5 mL，混合均匀。首先加入 1 滴 0.1 mol·L^{-1} $Pb(NO_3)_2$ 溶液，离心分离，观察试管底部沉淀的颜色，然后再向清液中继续滴加 $Pb(NO_3)_2$ 溶液，观察此时生成沉淀的颜色。指出两种沉淀各是什么物质，并通过计算结果解释现象。

(2)在试管中加入 0.1 mol·L^{-1} $AgNO_3$ 溶液和 $Pb(NO_3)_2$ 溶液各 2 滴(按 0.1 mL 计算)，用去离子水稀释至 5 mL，摇匀。逐滴加入 0.1 mol·L^{-1} K_2CrO_4 溶液，每加 1 滴后都要充分摇荡，离心分离，观察试管底部先后生成沉淀的颜色，请指出各是什么物质，并通过计算结果解释现象。

($K_{sp}^{\ominus}$ 数据:PbS 的为 9.04×10^{-29},$PbCrO_4$ 的为 2.8×10^{-13},Ag_2CrO_4 的为 1.12×10^{-12}。)

五、问题与讨论

(1)同离子效应与缓冲溶液的原理有何异同?

(2)如何抑制或促进水解?举例说明。

(3)是否一定要在碱性条件下,才能生成氢氧化物沉淀?不同浓度的金属离子溶液,开始生成氢氧化物沉淀时,溶液的 pH 是否相同?

六、离心机的使用方法

离心机是利用离心力对混合物溶液进行分离和沉淀的一种专用仪器(见图 3-6)。电动离心机通常分为大、中、小 3 种类型。在此介绍生物化学实验室使用的小型台式或落地式电动离心机。在实验过程中,欲使沉淀与母液分开,有过滤和离心两种方法。在下述情况下,使用离心方法较为合适:①沉淀有黏性或母液黏稠;②沉淀颗粒小,容易透过滤纸;③沉淀量多而疏散;④沉淀量少,需要定量测定;⑤母液量很少,分离时应减少损失;⑥沉淀和母液必须迅速分离开;⑦一般胶体溶液。

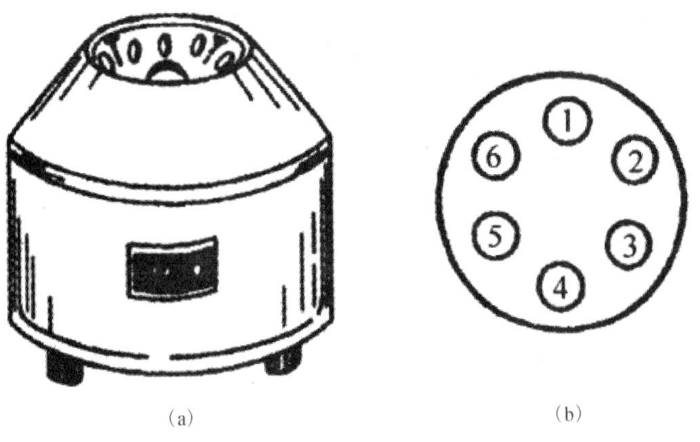

图 3-6 电动离心机

(a) 电动离心机外形图;(b) 电动离心机套管分布图

1. 使用步骤

(1)使用前应先检查变速旋钮是否在"0"处。

(2)离心时先将待离心的物质转移到大小合适的离心管内,离心管内液体的量不能超过离心管容积的 2/3,以免溢出,然后将此离心管放入外套管内。

(3)将一对外套管(连同离心管)放在台秤上平衡,如不平衡,可用小吸管调整离心管内溶液的量或向离心管内加入蒸馏水使之平衡。每次离心操作,都必须严格遵守平衡要求,否则将会损坏离心机部件,甚至造成严重事故,应十分警惕。

(4)将以上两个平衡好的套管,按对称位置放到离心机中,盖严离心机盖。

(5)离心时,先打开电源开关,然后慢慢拨动变速旋钮,使速度逐渐加快,对落地式离心机,可从转速表上得知转速大小。停止时,先将旋钮拨到"0",待离心机自动停止后,才能打开离心机盖并取出样品,绝对不能用手阻止离心机转动。不继续使用时,关闭电源开关,拔下插头。

(6)用完后,将套管中的橡皮垫洗净,保管好。冲洗外套管,倒立放置使其干燥。

2. 注意事项

(1)离心过程中,若听到特殊响声,表明离心管可能破碎,应立即停止离心。如果管已破碎,将玻璃碴冲洗干净(玻璃碴不能倒入下水道),然后换管按上述操作重新离心。若管未破碎,也需要重新平衡后再离心。

(2)有机溶剂和酚等会腐蚀金属套管,若有渗漏现象,必须及时擦干净漏出的溶液,并更换套管。

(3)避免连续使用时间过长。一般大离心机用 40 min、休息 20 min,台式小离心机使用 40 min、休息 10 min。

(4)电源电压与离心机所需的电压一致,且接地后才能通电使用。

(5)应不定期检查离心机内电动机的电刷与整流子磨损情况,磨损严重时更换电刷或轴承。

实验十五　电化学基础——氧化还原反应

一、实验目的

(1)了解原电池的组成及其电动势的粗略测定。

(2)了解电解原理在电镀中的应用。

(3)了解金属的电化学腐蚀及防护的基本原理和方法。

(4)了解阳极氧化的目的、基本操作及氧化膜耐腐蚀性能的检验方法。

二、实验原理

1. 原电池

将氧化还原反应的化学能转变为电能的装置叫原电池。原电池一般由两个电极、电解质溶液和盐桥组成。在原电池中,氧化反应和还原反应分别在两个电极上进行:负极上发生氧化反应,正极上发生还原反应。电子从负极流出,经外电路流入正极。在两极上直接接上电压表,可以测量出原电池此时的端电压,即粗略(因有电流流过电压表,电极已经极化)测得原电池的电动势 E:

$$E = \varphi_{+} - \varphi_{-}$$

2. 电镀

电镀是利用外接直流电源,通过盛有一定电解质溶液(电镀液)的电镀槽(装置),向作为阴极的金属表面沉积上另一种金属(如 Cu,Zn)的过程。为了提高工件的防腐性能,工业上较多采取在钢铁构件上镀铬的技术。在铁上镀铜,主要目的是作为铬镀层之间的中间层,使底层金属与表面镀层很好地结合在一起。

要得到结合牢固、质量良好的镀层,必须先做好镀件表面的除油、除锈,选择适合的电解液,控制一定的温度、电流密度等。

我们所选电镀液的成分为 $H_2C_2O_4$、氨水及 $CuSO_4$。用 $H_2C_2O_4$ 和氨水的目的是与 $CuSO_4$ 作用生成配位化合物盐 $(NH_4)_4[Cu(C_2O_4)_3]$(草酸铜铵),再从配离子中解离出浓度适中的 Cu^{2+},即

$$CuSO_4 + 4NH_3 \cdot H_2O = [Cu(NH_3)_4]SO_4 + 4H_2O$$

$$[Cu(NH_3)_4]SO_4 + 3H_2C_2O_4 = (NH_4)_4[Cu(C_2O_4)_3] + H_2SO_4$$

$$[Cu(C_2O_4)_3]^{4-} = Cu^{2+} + 3C_2O_4{}^{2-}$$

在电镀过程中,Cu^{2+} 在阴极上得电子被还原成 Cu 而沉积在阴极上。

在形成配离子后的电镀液中，自由金属离子的浓度低，使得镀出的镀层精细而均匀，紧密地镀在上面而不易剥落下来。

3. 金属的电化学腐蚀及其防护

金属的电化学腐蚀是金属组成的不均匀或其他因素，使金属表面产生电极电势不等的区域，当表面有电解质溶液时，形成腐蚀电池而使金属遭受较快破坏的现象。腐蚀电池中，较活泼的金属总是作为阳极被氧化而腐蚀，而阴极仅起传递电子，使 H^+ 或 O_2 发生还原反应的作用，阴极本身不被腐蚀。

金属锌与盐酸本身可以发生氧化还原反应放出 H_2。但在形成与不形成原电池的两种情况下，腐蚀速度是不相等的。通过锌粒＋HCl 以及(Cu)-锌粒＋HCl 的实验，可以观察到放出 H_2 速度的差异。

白铁皮的表面镀层锌破损后，是哪种金属遭受腐蚀？实验中可用 $K_3[Fe(CN)_6]$溶液来证明。若是铁被腐蚀，则生成的 Fe^{2+} 与$[Fe(CN)_6]^{3-}$作用，能生成特有的蓝色沉淀：

$$3Fe^{2+} + 2[Fe(CN)_6]^{3-} = Fe_3[Fe(CN)_6]_2 \downarrow \text{(蓝色沉淀)}$$

若是锌被腐蚀，生成的 Zn^{2+} 与$[Fe(CN)_6]^{3-}$作用，能生成淡黄色沉淀：

$$3Zn^{2+} + 2[Fe(CN)_6]^{3-} == Zn_3[Fe(CN)_6]_2 \downarrow \text{(淡黄色沉淀)}$$

在介质中，加入的少量能防止或延缓腐蚀过程的物质叫缓蚀剂。如乌洛托品、苯胺等可用作金属在酸性介质中的缓蚀剂。

外加直流电源，将被保护的金属与电源负极相连，由电源提供电子，降低金属的电势，可保护金属免遭腐蚀，称为阴极保护法。

4. 金属铝的阳极氧化

铝在空气中自然氧化表面形成的氧化膜(Al_2O_3)很薄，为 0.02～1μm，不可能有效防止金属遭受腐蚀。用电化学方法在铝或铝合金表面生成较厚的致密氧化膜，该过程称为阳极氧化。阳极氧化可得到厚度几十甚至几百微米的表面氧化膜，使铝或铝合金的耐腐蚀性大大提高。除此而外，其耐磨性、硬度、电绝缘性等也都有很大提高，还可以用有机染料染成各种颜色。

本实验采用稀硫酸作电解液，以铅为阴极，铝为阳极，阳极氧化后可在铝表面形成无色氧化膜，两级反应如下：

阴极　$2H^+ + 2e^- = H_2 \uparrow$

阳极　$2Al + 3H_2O - 6e^- = Al_2O_3 + 6H^+$　(主反应)

　　　$H_2O - 2e^- = 0.5O_2 + 2H^+$　(次反应)

在电解过程中，硫酸又可使形成的氧化铝膜部分溶解，且硫酸浓度、电流密度、温度等均对氧化膜的形成有很大影响，故要得到一定厚度的氧化膜，必须控制一定的操作条件，使生成膜的速度高于膜的溶解速度。

为了提高膜的抗蚀、耐磨、绝缘等性能，减弱其对杂质和油污的吸附能力，在阳极氧化后需对铝片进行钝化处理。钝化可以采用热水封闭处理，其原理是利用无水三氧化二铝发生水化作用，使氧化物体积增大，将铝氧化膜孔隙封闭，其反应如下：

$$Al_2O_3 + H_2O = Al_2O_3 \cdot H_2O$$

$$Al_2O_3 + 3H_2O = Al_2O_3 \cdot 3H_2O$$

三、仪器、材料与试剂

仪器与材料：电压表(0～3 V)、烧杯(1000 mL)、电炉、直流稳压电源(0～30 V)、温度计(0～100℃)、钢丝刷、锉刀、玻璃试管(10 mL)、试管架、点滴板、电镀瓶、有机玻璃片(带接线柱)、铝片、铝极板、盐桥、砂纸、滤纸条、电源线、铜电极板、锌电极板、白铁皮、小铁钉、大铁钉、铜棒、锌粒。

试剂：$ZnSO_4$(1 mol·L^{-1})、$CuSO_4$(1 mol·L^{-1})、HCl(0.1 mol·L^{-1})、HCl(1 mol·L^{-1})、NaCl(1 mol·L^{-1})、KCl(饱和溶液)、H_2SO_4(20%)、HNO_3(30%)、NaOH(1 mol·L^{-1})、$K_3[Fe(CN)_6]$(0.1%)、酚酞试液、乌洛托品、电镀液。

四、实验内容

1. 原电池的组成和端电压(电动势)的测定

按照图 3-7 所示装置，将砂纸打磨后的锌片插入 $ZnSO_4$ 溶液(1 mol·L^{-1})，铜插入 $CuSO_4$ 溶液(1 mol·L^{-1})，用 KCl 盐桥联通两个溶液。用导线将锌片和铜片分别与电压表的负极和正极相连，组成原电池，测定并记录原电池的端电压(近似为电动势)，写出相应的电极反应，比较测定值与理论电动势有何不同，为什么？如将盐桥取去，电压表的指针指向何处？为什么？观察完毕，随即取出盐桥，用蒸馏水冲洗干净，放回饱和 KCl 溶液中。

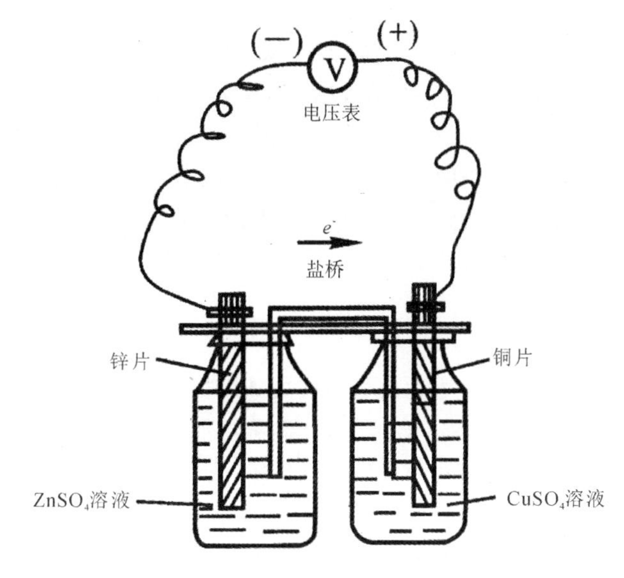

图 3-7　原电池装置示意图

2. 在铁上镀铜

(1)镀件(铁钉)的预处理。用砂纸打净大铁钉上的铁锈，用水冲洗干净。再将铁钉浸在 HCl(1 mol·L^{-1})中 1～2 min，然后取出用水冲洗干净、抹干。

(2)电镀液的配制。在每升溶液中含有下列各物质：$CuSO_4$(10～15 g)，$H_2C_2O_4$(60～100 g)，氨水(65～80 mL)。

(3)电镀。用上述 Cu-Zn 原电池为电源，铜棒作阳极接原电池正极，镀件(铁钉)作阴极接原电池的负极。未通电时，将铁钉放入铜盐溶液中，会立即置换出铜附着在铁钉表面，此为接触镀。这样镀上的铜层结合不牢，故电镀时必须将阳极放入镀液通电后，再将镀件放入镀液中，称为带电下槽。为了避免接触镀，必须带电下槽。电镀装置如图 3-8 所示。电镀 10 min

后(时间未到之前,请继续后续实验,不要等待),取出铁钉观察是否已镀上了铜。

(4)取出镀件,并用水冲洗干净。

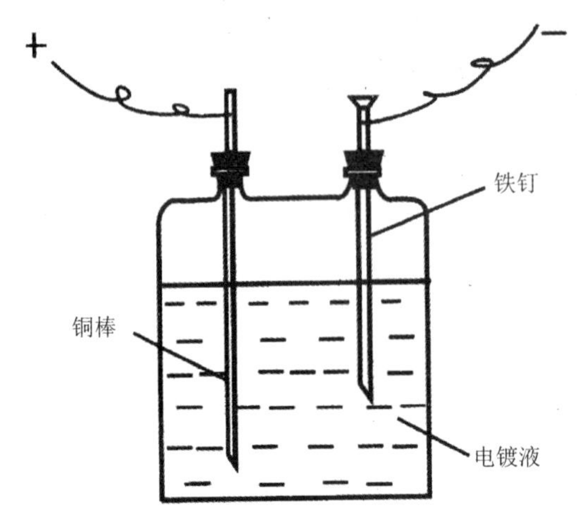

图 3-8 电镀示意图

3. 金属的电化学腐蚀

往盛有约 2 mL 的 0.1 mol·L^{-1} HCl 溶液的试管中加入 1 粒纯锌粒,观察现象。再插入一根打磨光亮的粗铜丝(铜棒)并与锌粒接触,观察前后现象有何不同,并解释之(注意,实验完毕后,务必将锌粒洗净后放入回收瓶)。

取白铁皮(镀锌铁皮)一片(若表面有油污时,用去污粉刷洗后,再用滤纸将水分擦干)。用锉刀在白铁皮上锉一深痕,务必使镀层破裂。将其放入点滴板的小窝中,向锉痕处滴加 1 mol·L^{-1} 的 HCl 和 0.1%的 $K_3[Fe(CN)_6]$溶液各 1~2 滴,观察锉痕处实验现象,并说明是哪种金属被腐蚀了,为什么?

4. 缓蚀剂的作用与阴极保护法

(1)缓蚀剂的作用。向两支试管中各放入一枚用砂纸擦净打光的小铁钉。向其中的一支试管中加入 5 滴 20%的乌洛托品,向另一支中加入 5 滴蒸馏水,然后向两支试管中各加入 1~2 mL 1 mol·L^{-1} 的 HCl 和 1~3 滴 0.1%的 $K_3[Fe(CN)_6]$溶液(两试管中 HCl 和 $K_3[Fe(CN)_6]$溶液的加入量应相同)。两支试管中铁钉周围气泡生成的速度有何不同?两管中颜色出现的快慢和深浅是否相同?为什么?(用过的铁钉洗净后供下面实验使用。)

(2)阴极保护法。将点滴板清洗干净,在小窝中配制腐蚀液(1 mL 1 mol·L^{-1} NaCl 溶液加 0.1%的 $K_3[Fe(CN)_6]$溶液 3 滴)。将一小洁净的滤纸条浸入腐蚀液润湿,取出放到点滴板边缘平整处,将刚使用过的 2 枚小铁钉清洗干净,分别夹到 Cu-Zn 原电池的正、负极,间隔约 0.5 cm 平行放置到滤纸上,静置一段时间后,观察有何现象,并解释之。向放置电极处滴加 1 滴酚酞试液,观察有何现象并予解释(用过的小铁钉清洗干净后回收)。

5. 铝的阳极氧化

(1)阳极化条件。电解液:20%的 H_2SO_4 溶液;电流密度(直流):10~15 mA/cm^2;电压:12~15 V;电解液温度:< 28℃;氧化时间:30~40 min。

(2)操作步骤如下:

1)在有机玻璃槽中,加入 20%的 H_2SO_4 溶液至玻璃槽体积的 2/3,将 3 个装有接线柱的有机玻璃片平行放在玻璃槽上面，中间一个接电源的正极，剩余两个接电源负极。

2)取两片铝片，将其表面用砂纸打光，并用蒸馏水冲洗干净；然后将铝片置于 1 mol·L^{-1} 的 NaOH 溶液中浸泡 0.5 min，取出并用蒸馏水冲洗直到铝片表面不挂水珠；最后将铝片置于 30%的 HNO_3 中漂洗 1～2 min，取出后用蒸馏水冲洗干净。

3)将铅极板表面用钢丝刷打光、洗净，固定在槽中作阴极。然后，将上述清洗干净的一片铝片固定在槽中作阳极，通电 30～40 min 后取出并用蒸馏水冲洗掉表面残余的硫酸。而后，将其置于沸腾的蒸馏水中煮 15～20 min(封闭处理)，取出备用。

4)在处理过的铝片和另外一片铝片上各滴 1 滴检验液，比较并记录其产生气泡和液滴变绿时间的快慢，写出反应方程式。

(3)注意事项如下：

1)调节直流稳压电源时，不能超过直流电源的输入及输出电压。

2)未接负载时，调节箭头应指向最低挡，不能任意扭动，以防止电压高损坏仪器。

3)工件放入电解槽中，不要使阴、阳极接触，以免短路。

五、问题与讨论

(1)原电池一般由哪几部分组成？若无电压表，可以根据什么说明是否有电流产生？

(2)为什么用电压表测定的电动势只能是“粗略”的结果？与理论值存在差别的原因是什么？

(3)白铁皮在电化学腐蚀时为什么是镀层锌先被腐蚀？如果换成马口铁(镀锡铁)，情况会有什么不同？怎样证明？

(4)为什么在锌粒与盐酸的反应中插入铜棒会使速度加快？根本原因是什么？

(5)阳极氧化的目的是什么？要得到良好的氧化膜，需注意哪些问题？

(6)检验氧化膜耐腐蚀性能时，出现的绿色物质是什么？写出反应方程式。

六、乌洛托品的化学性质

六次甲基四胺，商业上又叫 H 促进剂，分子式为$(CH_2)_6N_4$，立体笼状分子。结构如图 3-9 所示。

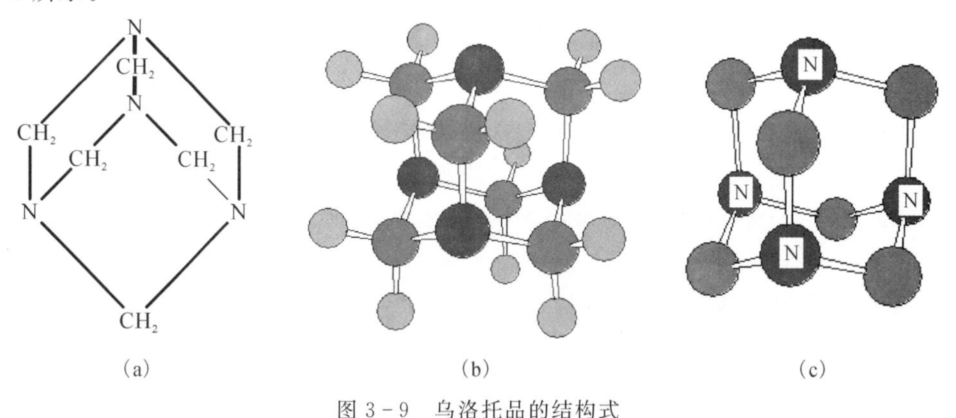

图 3-9 乌洛托品的结构式

(a) 化学结构式；(b) 空间构型；(c) 简化后的构型

它是一种白色粉状晶体或无色透明晶体，无臭，溶于水、乙醇等。其之所以可以起到缓蚀作用，是因为它在酸性介质中可与 H^+ 作用生成盐，生成的盐吸附在金属表面，使酸介质中的

H^+难以接近金属表面而得电子放电，故而阻碍了金属的腐蚀，起到了缓蚀作用。生产中常用于酸性溶液中的缓蚀剂除乌洛托品外，还有苯胺、硫脲、尿素等有机胺类。

实验十六　电位滴定法测定乙二胺合银（Ⅰ）配离子的配位数及稳定常数

一、实验目的

（1）了解实验原理，熟悉有关能斯特方程的计算。

（2）测定乙二胺合银（Ⅰ）配离子的配位数及稳定数。

二、实验原理

在装有 Ag^+ 和乙二胺（$H_2NCH_2CH_2NH_2$，常用 en 表示）的混合水溶液的烧杯中，插入饱和甘汞电极和银电极（注：银电极可由失效的玻璃电极制得，破除下端玻璃球，把靠近玻璃球上方的一端截去约 1 cm 长的玻璃套管，并在留下的套管中填满石蜡，以固定电极），两电极分别与酸度计的电极插孔相连，按下“mV”键，调整好仪器，测得两电极的电位差 E(mV)。

$$E=\varphi_{Ag^+/Ag}-\varphi_{Hg_2Cl_2/Hg}=$$
$$\varphi^{\ominus}_{Ag^+/Ag}+0.0591\lg[Ag^+]-0.241=$$
$$0.800-0.241+0.0591\lg[Ag^+]=$$
$$0.599+0.0591\lg[Ag^+] \qquad (3-9)$$

注：25 ℃时饱和甘汞电极电势为 0.241 V。

含有 Ag^+ 和 en 的溶液中，必定会存在着下列平衡：

$$Ag^+ + n\,en = Ag(en)_n^+$$

$$K_{稳}=\frac{[Ag(en)_n^+]}{[Ag^+][en]^n}$$

$$[Ag^+]=\frac{[Ag(en)_n^+]}{K_{稳}[en]^n}$$

两边取对数，得

$$\lg[Ag^+]=-n\lg[en]+\lg[Ag(en)_n^+]-\lg K_{稳} \qquad (3-10)$$

若使$[Ag(en)_n^+]$基本保持恒定，则用 $\lg[Ag^+]$对 $\lg[en]$作图，可得一直线，由直线斜率求得配位数 n，由直线截距 $\lg[Ag(en)_n^+]-\lg K_{稳}$ 求得 $K_{稳}$。

由于 $Ag(en)_n^+$ 配离子很稳定，当体系中 en 的浓度远远大于 Ag^+ 的浓度时：

$$[Ag(en)_n{}^+]\approx[Ag^+]$$

测定两电极间的电位差 E，即可通过式(3-9)求得不同[en]时的 $\lg[Ag^+]$。

三、仪器与试剂

仪器：磁力搅拌器、酸度计、烧杯、滴管。

试剂：$AgNO_3$(0.2 mol·L^{-1})、乙二胺(7 mol·L^{-1})。

四、实验内容

（1）在一干净的 250 mL 烧杯中加入 96 mL 去离子水，再加入 2.00 mL 已知准确浓度(7 mol·L^{-1})的 en 溶液和 2.00 mL 已知准确浓度(0.2 mol·L^{-1})的 $AgNO_3$ 溶液。

(2)向烧杯中插入饱和甘汞电极和银电极，并把它们分别与酸度计的甘汞电极接线柱和玻璃电极插口相接。按下酸度计的“mV”键，在搅拌下测定两电极间的电位差 E，这是第一次加 en 溶液后的测定。

(3)向烧杯中再加入 1.00 mL en 溶液(此时累计加入的 en 溶液为 3.00 mL)，并测定相应的 E。

(4)再继续向烧杯中加 4 次 en 溶液，使每次累计加入 en 溶液的体积分别为 4.00 mL，5.00 mL，7.00 mL，10.00 mL，并测定相应的 E。将实验数据填入表 3-5 中。

五、数据记录及处理

表 3-5　加入不同体积 en 后的数据记录和结果处理表

测定次数	Ⅰ	Ⅱ	Ⅲ	Ⅳ	Ⅴ	Ⅵ
加入 en 的累计体积/mL						
E/V						
$[en]/(mol\cdot L^{-1})$						
$lg[en]$						
$lg[Ag^+]$						

用 $lg[Ag^+]$对 $lg[en]$作图，由直线斜率和截距分别求算配离子的配位数 n 及 $K_{稳}$。

由于实验中总体积变化不大，$[Ag(en)_n^+]$可被认为是一个定值，且

$$[Ag(en)_n^+]\approx\frac{V(AgNO_3)\times c(AgNO_3)}{(V_1+V_6)/2}$$

式中，$V(AgNO_3)$，$c(AgNO_3)$分别为加入 $AgNO_3$ 溶液的体积和浓度；V_1、V_6 分别为第 1 次和第 6 次测定 E 时的总体积。

六、选做实验

参考上述实验，自己设计步骤测定以下各项参数：

(1)$Ag(S_2O_3)_n^{-2n-1}$ 和 $Ag(NH_3)^+$ 等配离子的配位数及稳定常数；

(2)AgBr 和 AgI 等难溶盐的 K_{sp}。

实验十七　磺基水杨酸合铁(Ⅲ)配合物的组成及稳定常数的测定

一、实验目的

(1)掌握用分光光度法测定配合物的组成和配离子的稳定常数的原理和方法。

(2)进一步学习分光光度计的使用及有关实验数据的处理方法。

二、实验原理

1. 磺基水杨酸与 Fe^{3+} 的配位

磺基水杨酸可与 Fe^{3+} 形成稳定的配合物，溶液的 pH 不同，形成配合物的组成也不同(见图 3-10)。磺基水杨酸溶液是无色的，Fe^{3+} 的浓度很稀时也可以认为是无色的，它们在 pH=2～3 时，生成紫红色的螯合物；pH=4～9 时，生成红色螯合物；pH=9～11.5 时，生成黄色螯合物；pH>12 时，有色螯合物被破坏而生成 $Fe(OH)_3$ 沉淀。具体反应可用图 3-10 表示。

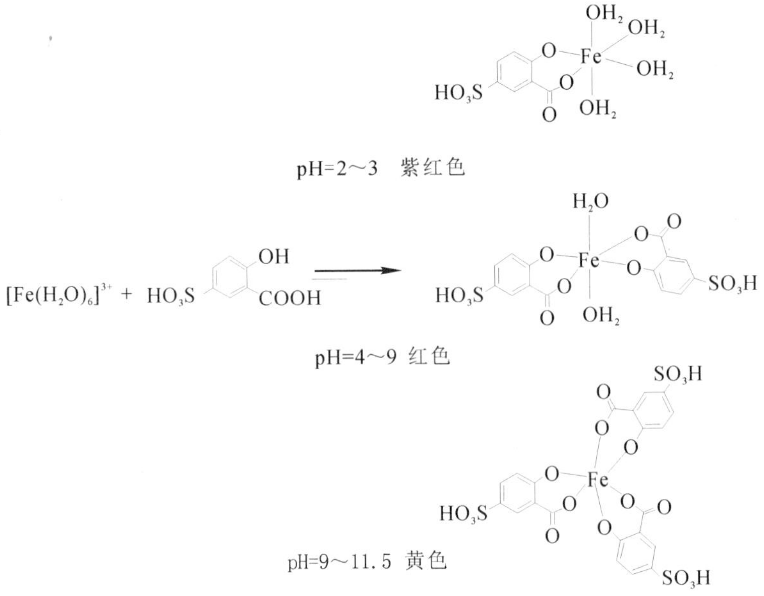

pH=2～3 紫红色

$[Fe(H_2O)_6]^{3+}$ + HO_3S—(OH, COOH) ⟶

pH=4～9 红色

pH=9～11.5 黄色

图 3-10 在不同 pH 条件下，Fe^{3+} 与磺基水杨酸的配位化合物结构式

2.利用分光光度法测定配离子的组成

当一束具有一定波长的单色光通过一定厚度的有色物质溶液时，有色物质吸收了一部分光能，使透射光的强度(I_t)比入射光的强度(I_0)有所减弱。这种现象称为有色溶液对光的吸收作用。

对光的吸收和透过程度，通常用吸光度(A)和透光率(T)表示。透光率是透过光的强度 I_t 与入射光的强度 I_0 之比，即

$$T=\frac{I_t}{I_0}$$

吸光度是透光率的负对数：

$$A=-\lg T=-\lg\frac{I_t}{I_0}$$

A 值越大表示光被有色物质吸收的程度越大。反之，A 值越小，表示有色物质对光的吸收程度越小。按照 Lambert-Beer 定律，溶液中有色物质对光的吸收程度(即吸光度 A)与液层厚度(b)及有色物质的浓度(c)成正比，即

$$A=\varepsilon bc$$

式中，ε 为摩尔吸光系数，当波长一定时，它是有色物质的特征常数。

当液层厚度 b 不变时，吸光度 A 与有色物质的浓度(c)成正比。

用分光光度法研究配合物的组成时，常用的一种实验方法是等物质的量系列法(也叫浓比递变法)，即保持溶液中金属离子(M)和配体(L)的总的物质的量不变，而 M 和 L 的物质的量分数连续变化，配成一系列的溶液，测定溶液的吸光度。在这一系列溶液中，有一些溶液的金属离子是过量的，另一些溶液中配体是过量的，这两部分溶液中配离子的浓度都不可能达到最大值；只有当溶液中金属离子与配体的物质的量比与配离子的组成一致时，配离子的浓度才能达到最大，因而吸光度也最大。由于中心离子和配体基本无色，只有配离子有色，所以配离子

的浓度越大，溶液颜色越深，其吸光度也就越大。若以吸光度 A 为纵坐标，配体的摩尔分数 x 为横坐标作图(见图 3-11)，得一曲线，将曲线两边的直线部分延长，相交于 E 点。E 点为最大吸收处，对应于吸光度 A_1，由 E 点的横坐标值 x 可以计算配离子中金属离子与配体的物质的量比，当 $x=0.5$ 时：

$$\frac{n_L}{n_M}=0.5$$

整理可得，$n_L=n_M$，即金属离子与配体之比是 1∶1，该配合物的组成为 ML 型。

配离子的稳定常数 $K_{稳}$ 可根据图 3-11 求得，从图中看出最大吸光度在 E 点，吸光度为 A_1，可认为 M 与 R 全部配位。但由于配离子有一部分解离，其浓度要稍小一些，实测得到最大的吸光度在 B 点，其吸光度值为 A_2，所以配离子的解离度为

$$\alpha=\frac{A_1-A_2}{A_1}$$

MR 型配离子在水中的解离公式为

$$ML = M + L$$

达到平衡时，稳定常数 $K_{稳}$ 与 α 具有以下关系：

$$K_{稳}=\frac{[ML]}{[M][L]}=\frac{c(1-\alpha)}{c\alpha\times c\alpha}=\frac{1-\alpha}{c\alpha^2}$$

式中，c 为 B 点时 ML 的浓度。

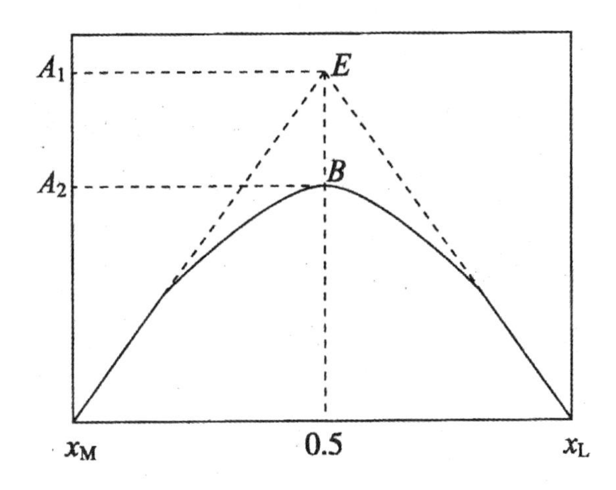

图 3-11　等物质的量系列法中吸光度 A 与摩尔分数 x 的关系

三、仪器、材料与试剂

仪器与材料：UV 2600 型紫外可见分光光度计、烧杯(100 mL)、容量瓶(100 mL)、移液管(10 mL)、洗耳球、玻璃棒、擦镜纸。

试剂：$HClO_4$(0.01 mol・L^{-1})、磺基水杨酸(0.010 0 mol・L^{-1})、$(NH_4)Fe(SO_4)_2$(0.010 0 mol・L^{-1})。

四、实验内容

1. 溶液的配制

(1)配制 0.001 0 mol・L^{-1} Fe^{3+} 溶液：用移液管吸取 10.00 mL $(NH_4)Fe(SO_4)_2$

(0.010 0 mol·L^{-1})溶液，注入 100 mL 容量瓶中，用 $HClO_4$(0.010 0 mol·L^{-1})溶液稀释至该度，摇匀，备用。

(2)配制 0.001 0 mol·L^{-1} 磺基水杨酸溶液：用移液管量取 10.00 mL 磺基水杨酸(0.010 0 mol·L^{-1})溶液，注入 100 mL 容量瓶中，用 $HClO_4$(0.010 0 mol·L^{-1})溶液稀释至刻度，摇匀，备用。

2. 配制系列溶液

将 11 个 50 mL 容量瓶洗净，并编号。按照表 3-6 中所示的用量用吸量管分别量取 0.010 0 mol·L^{-1} $HClO_4$，0.010 0 mol·L^{-1} 磺基水杨酸，0.010 0 mol·L^{-1} $(NH_4)Fe(SO_4)_2$ 溶液注入已编号的容量瓶中，再用蒸馏水稀释至刻度，摇匀。

五、数据记录与处理

1. 测定系列溶液的吸光度

接通分光光度计电源，调整好仪器，在波长 500 nm 处，用 1 cm 比色皿，以 1 号或 11 号溶液作为参比溶液，测定上述 11 个溶液的吸光度。将所测得的吸光度值记录在表 3-6 中，每个溶液测定 3 次吸光度，取平均值。

表 3-6　配制系列溶液的数据记录表

编号	V_{HClO_4}/mL	$V_{磺基水杨酸}$/mL	$V_{Fe^{3+}}$/mL	物质的量分数 x	吸光度 A			
					1	2	3	平均
0								
1								
2								
3								
4								
5								
6								
7								
8								
9								
10								
11								

2. 数据处理

以吸光度 A 为纵坐标，配体的物质的量分数 x 为横坐标作图，将两侧的直线部分延长，交于一点，由交点找出最大的吸光度 A_1，确定物质的量分数 x，计算出配位数 n 和配合物的稳定常数。

3. 络合反应的标准自由能变化的计算

利用公式

$$\Delta G^{\ominus} = -RT\ln K_{稳}$$

计算该配合物反应的标准自由能变化。

六、问题与讨论

(1)本实验测定配合物的组成及稳定常数的原理如何?

(2)用等物质的量系列法测定配合物组成时,为什么说溶液中金属离子的物质的量数与配位体的物质的量之比正好与配离子组成相同时,配离子的浓度为最大?

(3)在测定吸光度时,如果温度变化较大,对测得的稳定常数有何影响?

(4)本实验为什么用1号或11号溶液作空白溶液?为什么选用500 nm波长的光源来测定溶液的吸光度?

(5)使用分光光度计要注意哪些操作?

实验十八　缓冲作用和氧化还原性(设计型实验)

一、实验目的

(1)设计实验,了解缓冲溶液的配制方法及性质。

(2)设计实验,了解氧化还原反应,学会选择合适的氧化剂和还原剂。

二、仪器、材料与试剂

仪器与材料:量筒、烧杯、试管、pH试纸。

试剂:NaAc(0.20 $mol \cdot L^{-1}$),HAc(0.10 $mol \cdot L^{-1}$),$Fe_2(SO_4)_3$(10 $mol \cdot L^{-1}$),$KMnO_4$(0.01 $mol \cdot L^{-1}$),KI(0.10 $mol \cdot L^{-1}$),KBr(10 $mol \cdot L^{-1}$),H_2SO_4(2 $mol \cdot L^{-1}$),NaOH(2 $mol \cdot L^{-1}$),CCl_4。

三、实验内容

(1)用0.20 $mol \cdot L^{-1}$ NaAc和0.10 $mol \cdot L^{-1}$ HAc溶液配制pH = 5.0的缓冲溶液30.0 mL。加入少量2 $mol \cdot L^{-1}$ H_2SO_4或2 $mol \cdot L^{-1}$ NaOH,用精密pH试纸测其pH,验证缓冲溶液对少量外加强酸、强碱的缓冲作用。

(2)根据电极电势,从$Fe_2(SO_4)_3$和$KMnO_4$中选用一种氧化剂,能使I^-氧化而不使Br^-氧化,用实验证明,并写出有关反应方程式。

给定试剂:10 $mol \cdot L^{-1}$ $Fe_2(SO_4)_3$,0.01 $mol \cdot L^{-1}$ $KMnO_4$,0.10 $mol \cdot L^{-1}$ KI,10 $mol \cdot L^{-1}$ KBr,2 $mol \cdot L^{-1}$ H_2SO_4,CCl_4。

已知:$\varphi^\ominus(Fe^{3+}/Fe^{2+})=0.771$ V,$\varphi^\ominus(MnO_4^-/Mn^{2+})=1.51$ V,$\varphi^\ominus(I_2/I^-)=0.5355$ V,$\varphi^\ominus(Br_2/Br^-)=1.065$ V

(3)用给定试剂证明H_2O_2既有氧化性,又有还原性,并写出有关反应方程式。

给定试剂:H_2O_2(3%),2 $mol \cdot L^{-1}$ H_2SO_4,0.01 $mol \cdot L^{-1}$ $KMnO_4$,0.10 $mol \cdot L^{-1}$ KI,淀粉溶液。

已知:$\varphi^\ominus(H_2O_2/H_2O)=1.763$ V,$\varphi^\ominus(O_2/H_2O_2)=0.695$ V,$\varphi^\ominus(MnO_4^-/Mn^{2+})=1.51$ V,$\varphi^\ominus(I_2/I^-)=0.5355$ V。

四、问题与讨论

(1)缓冲溶液有什么性质?

(2)一种氧化剂能氧化某种还原剂的条件是什么?

(3)怎样证明I^-被氧化了而Br^-没有被氧化?

第四章　元素及其化合物的性质

实验十九　p区非金属元素(卤素和氧族元素)

一、实验目的

(1)掌握卤素的氧化性和卤素离子的还原性。

(2)掌握次氯酸盐、氯酸盐强氧化性,区别 Cl_2,Br_2,I_2 的氧化性及 Cl^-,Br^-,I^- 还原性。

(3)了解卤素的歧化反应。

(4)了解某些金属卤化物的性质。

(5)掌握金属硫化物的溶解性、亚硫酸盐的性质、硫代硫酸盐的性质、过硫酸盐的氧化性。

二、仪器、材料与试剂

仪器与材料:试管、碘化钾-淀粉试纸、pH 试纸。

试剂:KBr(0.1 mol·L^{-1})、NaF(0.1 mol·L^{-1})、NaCl(0.1 mol·L^{-1})、KI(0.01 mol·L^{-1}、0.1 mol·L^{-1})、K_2CrO_4(0.1 mol·L^{-1})、$K_2Cr_2O_7$(0.1 mol·L^{-1})、$KMnO_4$(0.1 mol·L^{-1})、H_2O_2(3%)、$MnSO_4$(0.002 mol·L^{-1}、0.1 mol·L^{-1})、$AgNO_3$(0.1 mol·L^{-1})、NaOH(2 mol·L^{-1}、40%)、KOH(2 mol·L^{-1})、H_2SO_4(1 mol·L^{-1}、3 mol·L^{-1}、6 mol·L^{-1})、HCl(2 mol·L^{-1})、H_2S 水溶液(饱和)、HNO_3(2 mol·L^{-1})、氨水(2 mol·L^{-1})、品红溶液、淀粉溶液、氯水、碘水、四氯化碳、乙醚、乙醇、$KClO_3$、$Na_2S_2O_3$、$K_2S_2O_8$。

三、实验内容

1. 氯水对溴、碘离子混合溶液的氧化顺序

在试管中加入 10 滴 0.1 mol·L^{-1} KBr 溶液、2 滴 0.01 mol·L^{-1} KI 溶液和 1 mL CCl_4,然后逐滴加入氯水,仔细观察 CCl_4 层颜色的变化,并写出反应方程式。

2. 氯的含氧酸盐氧化性

(1)用滴管吸取 2 mol·L^{-1} KOH 溶液逐滴加入 4 mL 氯水中,至溶液呈弱碱性(用 pH 试纸检验),将溶液分装在 4 支试管中。第一支试管滴加 2 mol·L^{-1} HCl 溶液,选择合适的试纸检验气产物。第二支试管滴加品红溶液,第三支试管滴加 3~4 滴 0.1 mol·L^{-1} KI 溶液及 1 滴淀粉溶液,第四支试管滴加 0.1 mol·L^{-1} $MnSO_4$ 溶液。请写出反应方程式。

(2)取绿豆大小的 $KClO_3$ 晶体,用 1~2 mL 水溶解后,加入 1 滴管 CCl_4 及 3~4 滴 0.1 mol·L^{-1} KI 溶液,摇动试管,观察水相及有机相的变化。再加入 2~3 滴 6 mol·L^{-1} H_2SO_4 溶液酸化,又有什么变化?请写出反应方程式。

3. 卤化物的溶解度比较

分别向盛有 10 滴 0.1 mol·L^{-1} NaF 溶液、NaCl 溶液、KBr 溶液、KI 溶液的试管中滴加

0.1 mol·L^{-1} $AgNO_3$ 溶液，制得的卤化银沉淀经离心分离后分别与 2 mol·L^{-1} HNO_3 溶液、2 mol·L^{-1} 氨水及 0.5 mol·L^{-1} $Na_2S_2O_3$ 溶液反应，观察沉淀是否溶解。请写出反应方程式，解释氟化物与其他卤化物溶解度的差异，总结变化规律。

4. 卤化银的感光性

将制得的 AgCl 沉淀均匀地涂在滤纸上，滤纸上放一把钥匙。光照约 10 min 后移开钥匙，可清楚看到钥匙的轮廓。

5. 过氧化氢的鉴定和性质

(1)过氧化氢的鉴定。取 10 滴 3% H_2O_2 溶液，加入 10 滴乙醚，并加入 3～4 滴 1 mol·L^{-1} H_2SO_4 溶液酸化，再加入 2～3 滴 0.1 mol·L^{-1} K_2CrO_4 溶液，振荡试管，观察水层和乙醚层颜色的变化，并写出反应方程式。

(2)酸性。在试管中加入 10 滴 40%NaOH 溶液、10 滴 3% H_2O_2 溶液及 10 滴乙醇，振荡试管，观察现象，并写出反应方程式。

(3)介质酸碱性对 H_2O_2 氧化还原性的影响。在 10 滴 3% H_2O_2 溶液中加入 2～3 滴 2 mol·L^{-1} NaOH 溶液，再加入 5～6 滴 0.1 mol·L^{-1} $MnSO_4$ 溶液，观察现象，并写出反应方程式。将溶液静置后倾去清液，向沉淀中加入 2～3 滴 3 mol·L^{-1} H_2SO_4 溶液，然后滴加 3% H_2O_2 溶液，观察又有什么变化，写出反应方程式并给予解释。

6. 硫代硫酸盐的性质

取黄豆大小的 $Na_2S_2O_3 \cdot 5H_2O$ 晶体溶于约 3 mL 水中，均分到 4 支试管中，进行以下实验：

(1)在第一支试管中滴加 2 mol·L^{-1} HCl 溶液，观察现象，并写出反应方程式。

(2)在第二支试管中滴加碘水，观察现象，并写出反应方程式。

(3)在第三支试管中滴加氯水，设法证实反应后溶液中有 $SO_4{}^{2-}$ 存在，写出反应方程式。

(4)将第四支试管中的 $Na_2S_2O_3$ 溶液逐滴加入装有 4 滴 0.1 mol·L^{-1} $AgNO_3$ 溶液的试管中，仔细观察现象，并写出反应方程式。

7. 过硫酸钾的氧化性

在有 2 滴 0.002 mol·L^{-1} $MnSO_4$ 溶液的试管中加入约 5 mL 1 mol·L^{-1} H_2SO_4 溶液和黄豆大小的 $K_2S_2O_8$ 固体，混匀后均分到两支试管中。其中一支试管再加入 2 滴 0.1 mol·L^{-1} $AgNO_3$ 溶液，一起水浴加热。观察溶液颜色的变化，比较现象并解释原因，并写出反应方程式。

8. 硫化氢的还原性

(1)在装有 1 滴 0.1 mol·L^{-1} $KMnO_4$ 溶液的试管中加入 2 滴 1 mol·L^{-1} H_2SO_4 溶液酸化后，再滴加 H_2S 饱和溶液，观察实验现象，并写出反应方程式。

(2)在装有 1 滴 0.1 mol·L^{-1} $K_2Cr_2O_7$ 溶液的试管中加入 2 滴 1 mol·L^{-1} H_2SO_4 溶液酸化后，再滴加 H_2S 饱和溶液，观察现象，并写出反应方程式。

四、问题与讨论

(1)为什么实验室经常用固体过硫酸盐而不预先配成溶液？

(2)设计实验说明 NaClO 和 $KClO_3$ 氧化性的强弱。

(3)根据实验结果，比较：①$S_2O_8{}^{2-}$ 与 $MnO_4{}^{-}$ 的氧化性；②$S_2O_3{}^{2-}$ 与 I^- 的还原性。

实验二十　p区非金属元素(硼族、碳族和氮族)

一、实验目的

(1)掌握不同氧化态氮的化合物的主要性质。

(2)掌握磷酸盐的酸碱性和溶解性以及焦磷酸盐的配位性。

(3)掌握活性炭的吸附作用,以及二氧化碳、碳酸盐和碳酸氢盐在水溶液中相互转化的条件。

(4)观察硅酸合硅酸盐的性质。

(5)掌握硼酸及硼酸的焰色反应以及硼砂珠反应。

二、仪器、材料与试剂

仪器与材料:坩埚、表面皿、试管、烧杯、温度计、pH 试纸。

试剂:$NaNO_2$(0.1 mol·L^{-1}、饱和)、$KMnO_4$(0.01 mol·L^{-1})、Na_3PO_4(0.1 mol·L^{-1})、Na_2HPO_4(0.1 mol·L^{-1})、NaH_2PO_4(0.1 mol·L^{-1})、$Na_4P_2O_7$(0.1 mol·L^{-1})、Na_3PO_3(0.1 mol·L^{-1})、$CaCl_2$(0.1 mol·L^{-1})、$NaHCO_3$(0.5 mol·L^{-1})、Na_2CO_3(1 mol·L^{-1})、$Pb(NO_3)_2$(0.001 mol·L^{-1}、0.1 mol·L^{-1})、$FeCl_3$(0.2 mol·L^{-1})、Na_2SiO_3(20%)、K_2CrO_4(0.1 mol·L^{-1})、$MgCl_2$(0.1 mol·L^{-1})、$CuSO_4$(0.1 mol·L^{-1})、$AgNO_3$(0.1 mol·L^{-1})、KI(0.1 mol·L^{-1})、NaOH(6 mol·L^{-1})、H_2SO_4(1 mol·L^{-1}、3 mol·L^{-1}、浓)、氨水(2 mol·L^{-1}、浓)、HCl(2 mol·L^{-1}、浓)、H_3BO_3、$CaCl_2 \cdot 6H_2O$、$CuSO_4 \cdot 5H_2O$、$Co(NO_3)_2 \cdot 6H_2O$、$NiSO_4 \cdot 7H_2O$、$MnSO_4$、$ZnSO_4 \cdot 7H_2O$、$FeCl_3 \cdot 6H_2O$、活性炭、靛蓝溶液、乙醇、甘油。

三、实验内容

1.氨的加合作用

在坩埚内滴入4~5滴浓氨水,再把一个内壁用浓盐酸湿润过的烧杯罩在坩埚上,观察现象,并写出反应方程式。

2.铵盐的检出(气室法)

取4~5滴铵盐溶液置于一表面皿中心,另一表面皿中心贴有一小条湿润的 pH 试纸。然后,在铵盐溶液中滴加6 mol·L^{-1} NaOH 溶液至呈碱性,将贴有 pH 试纸的表面皿盖在铵盐的表面皿上形成“气室”。将气室置于水浴上微热,观察 pH 试纸颜色的变化。

3.亚硝酸的生成与分解

分别取 $NaNO_2$ 饱和溶液和3 mol·L^{-1} H_2SO_4 溶液各1 mL 放置在两支试管中,用冰水冷却2 min 后混合均匀,观察现象。溶液放置一段时间后又有什么变化?请写出反应方程式。

4.硝酸的氧化还原性

(1)亚硝酸的氧化性。取4滴0.1 mol·L^{-1} KI 溶液,加2滴1 mol·L^{-1} H_2SO_4 溶液酸化后,再滴加0.1 mol·L^{-1} $NaNO_2$ 溶液,观察现象及产物的颜色。微微加热试管,溶液又有什么变化?请写出反应方程式。

(2)亚硝酸的还原性。取1滴0.01 mol·L^{-1} $KMnO_4$ 溶液,加2滴1 mol·L^{-1} H_2SO_4 溶液酸化后,再滴加0.1 mol·L^{-1} $NaNO_2$ 溶液,观察现象,并写出反应方程式。

5.磷酸盐的性质和溶解度

(1)磷酸盐的性质。用 pH 试纸测定正磷酸盐、焦磷酸盐、偏磷酸盐水溶液的 pH。

用 pH 试纸测定浓度同为 0.1 mol·L^{-1} 的 Na_3PO_4 溶液、Na_2HPO_4 溶液、NaH_2PO_4 溶液的 pH。

分别向 3 支试管中加入 0.5 mL 0.1 mol·L^{-1} Na_3PO_4 溶液、Na_2HPO_4 溶液、NaH_2PO_4 溶液，然后分别滴加适量的 0.1 mol·L^{-1} $AgNO_3$ 溶液，观察是否有沉淀生成。反应溶液的 pH 又有何变化？试给予解释，并写出反应方程式。

(2)磷酸盐的溶解度。分别向浓度同为 0.1 mo·L^{-1} 的 Na_3PO_4 溶液、Na_2HPO_4 溶液、NaH_2PO_4 溶液中加入 0.1 mol·L^{-1} $CaCl_2$ 溶液，观察有无沉淀生成。再加入 2 mol·L^{-1} 氨水后又有何变化？继续加入 2 mol·L^{-1} HCl 溶液后又有什么变化？试给予解释，并写出反应方程式。

6. 活性炭的吸附作用

(1)在溶液中对有色物质的吸附。往 2 mL 靛蓝溶液中加入一小勺活性炭，振荡试管，然后过滤除去活性炭，观察溶液的颜色变化。

(2)对无机离子的吸附作用。往 0.001 mol·L^{-1} $Pb(NO_3)_2$ 溶液中加入几滴 0.1 mol·L^{-1} K_2CrO_4 溶液，观察黄色 $PbCrO_4$ 沉淀的生成。再往另一支试管中加入约 2 mL 0.001 mol·L^{-1} $Pb(NO_3)_2$ 溶液及一小勺活性炭，振荡试管。过滤除去活性炭后向清液加几滴 0.1 mol·L^{-1} K_2CrO_4 溶液，观察现象并加以解释。

7. 一些金属离子与碳酸盐的反应

分别向盛有 0.2 mol·L^{-1} $FeCl_3$ 溶液和 0.1 mol·L^{-1} $MgCl_2$，0.1 mol·L^{-1} $Pb(NO_3)_2$，0.1 mol·L^{-1} $CuSO_4$ 溶液的试管中滴加 1 mol·L^{-1} Na_2CO_3 溶液，观察现象。再分别向 4 支盛有以上溶液的试管中滴加 0.5 mol·L^{-1} $NaHCO_3$ 溶液，观察现象，通过计算初步确定反应物，并分别写出反应方程式。

8. 硼的性质

(1)取少量硼酸晶体(绿豆大小)溶于约 2 mL 水中(为方便溶解，可微热)。冷却至室温后测其 pH。再向硼酸溶液中加入 4～5 滴甘油，测 pH。

H_3BO_3 是一元弱酸，$K_a = 6 \times 10^{-10}$，它之所以显酸性并不是因为它本身给出质子，而是因为它是缺电子原子，它加合了来自水分子的 OH^- 而释放出 H^+。

$$H_3BO_3 + H_2O = B(OH)_4^- + H^+$$

若向 H_3BO_3 溶液中加入多羟基化合物，如乙二醇和甘油，可使硼酸的酸性大为增强($pK_a \approx 3$)。

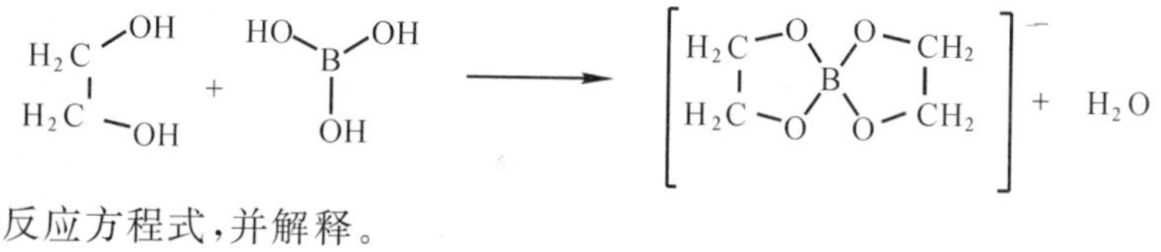

$$H_2C(OH){-}H_2C(OH) + B(OH)_3 \longrightarrow \left[\begin{array}{c} H_2C{-}O\quad O{-}CH_2 \\ |\qquad B \qquad | \\ H_2C{-}O\quad O{-}CH_2 \end{array}\right]^- + H_2O$$

写出相关反应方程式，并解释。

(2)硼酸的鉴定反应。取少量硼酸晶体(绿豆大小)放在蒸发皿中，加入 0.5 mL 乙醇和几滴浓硫酸，混合后点燃，观察火焰的颜色，并完成反应方程式。

(3)硼砂珠实验。

1)硼砂珠的制备。铂丝用 6 mol·L^{-1} 的 HCl 清洗，在氧化焰上灼烧，重复数次，直至不产生离子特征颜色，蘸硼砂灼烧并熔成圆珠。

2)硼砂珠与过渡金属盐的作用。用灼热的硼砂珠蘸少量 $Co(NO_3)_2$ 灼烧,冷却后观察。也可以用硼砂蘸其他金属化合物如 $CrCl_3$ 灼烧,观察颜色,并写出相应的化学方程式。

$Na_2B_4O_7 + 2Co(NO_3)_2 = 2NaBO_2 \cdot Co(BO_2)_2$(蓝色宝石)$+ 4NO_2\uparrow + 0.5O_2\uparrow$

9.难溶性硅酸盐的生成——"水中花园"

在一个 50 mL 烧杯中加入约 30 mL Na_2SiO_3 溶液(20%),然后把 $CaCl_2$,$CuSO_4$,$Co(NO_3)_2$,$NiSO_4$,$MnSO_4$,$ZnSO_4$,$FeCl_3$ 固体各一小粒投入烧杯中,并使各固体之间保持一定间隔,记住其位置。放置约 1 h 后观察现象。

四、问题与讨论

(1)在化学反应中,为什么一般不用硝酸和盐酸作酸化试剂?

(2)硼酸为弱酸,为什么硼酸溶液加甘油后酸性会增强?

(3)实验室中为什么可以用磨口玻璃仪器储存酸液而不能用来储存碱液?为什么盛过硅酸钠溶液的容器在实验后必须立即洗净?

(4)如何区别碳酸钠、硅酸钠和硼酸钠?

(5)是否能用二氧化碳灭火器扑灭金属镁的火焰?为什么?

实验二十一　主族金属(碱金属、碱土金属)

一、实验目的

(1)实验并了解金属钠和过氧化钠的性质。

(2)了解钠、锂、钾盐的溶解性。

(3)实验并比较碱土金属氢氧化物的难溶性。

(4)实验碱土金属难溶盐的溶解性。

(5)学会焰色反应的操作。

二、仪器、材料与试剂

仪器与材料:小试管、小刀、镊子、研钵、坩埚、铂丝(或镍铬丝)、温度计、钴玻璃和 pH 试纸等。

试剂:金属钠、钾、钙、镁、过氧化钠、汞、NaCl(1.0mol·L^{-1})、KCl(1.0 mol·L^{-1})、LiCl(1.0 mol·L^{-1})、$MgCl_2$(0.5 mol·L^{-1})、$CaCl_2$(0.5 mol·L^{-1})、$SrCl_2$(0.5 mol·L^{-1})、$BaCl_2$(0.5 mol·L^{-1})、NaOH(2 mol·L^{-1})、NH_4Cl(饱和)、Na_2CO_3(0.5 mol·L^{-1})、HCl(2 mol·L^{-1}、6 mol·L^{-1})、HAc(6 mol·L^{-1})、HNO_3(浓)、Na_2SO_4(0.5 mol·L^{-1})、$CaSO_4$(饱和)、K_2CrO_4(0.5 mol·L^{-1})、$KSb(OH)_6$(饱和)、$(NH_4)_2C_2O_4$(饱和)、$NaHC_4H_4O_6$(饱和)、$MnSO_4$(0.1 mol·L^{-1})、H_2SO_4(浓)、$NH_3\cdot H_2O$(2 mol·L^{-1})、酚酞。

三、实验内容

1.钠、钾与水的反应

用镊子各取绿豆大小一块金属钾和钠,用滤纸吸干表面的煤油,切去表面的氧化膜,立即将它们分别放入盛有 50 mL 水的烧杯中,可将事先准备好的合适大小的漏斗倒扣在烧杯上,以确保安全。观察两者与水反应的情况,并进行比较。反应终止后,检验溶液的酸碱性,根据反应进行的剧烈程度,说明钠、钾的金属活泼性。

2.钠与空气中氧的反应和过氧化钠的性质

(1)钠与氧气的反应。用镊子取黄豆大小钠块，用滤纸吸干表面的煤油，切去表面的氧化膜，立即置于坩埚中加热。当钠刚开始燃烧时，停止加热。观察反应情况和产物的颜色、状态，写出反应方程式。设计实验证明产物为过氧化钠(保留此产物供下面实验用)。

(2)过氧化钠的性质。

1)过氧化钠的碱性。取绿豆大小的过氧化钠固体，注入 1 mL 水，用冰冷却，并加以搅动，使其溶解。用 pH 试纸检验溶液的酸碱性。

2)过氧化钠的分解。取黄豆大小的过氧化钠固体，注入 1 mL 水，微热，观察是否有气体放出。请写出反应方程式。

3.金属钠与汞反应

取一块绿豆大小的金属钠，擦干其表面的煤油，把它和 1 滴汞放在一起，在研钵中研磨，观察其反应现象和产物的颜色、状态。

将得到的钠汞齐转入盛有水的 50 mL 烧杯中，加入 1～2 滴酚酞，观察反应情况，写出反应方程式。将钠汞齐和水反应后产生的汞回收。

4.钠、钾微溶盐的生成

(1)微溶性钠盐。往小试管中滴入 5 滴 1 $mol \cdot L^{-1}$ NaCl 溶液，然后再滴入 5 滴饱和六羟基锑(Ⅴ)酸钾 $KSb(OH)_6$ 溶液。如果无晶体析出，可用玻璃棒摩擦试管壁，然后放置一段时间。观察产物的颜色和状态，并写出反应方程式。

(2)微溶性钾盐。往小试管中滴入 5 滴 1 $mol \cdot L^{-1}$ KCl 溶液，接着滴入 5 滴饱和的酒石酸氢钠 $NaHC_4H_4O_6$ 溶液，如果无晶体析出，可用玻璃棒摩擦试管壁。观察反应产物的颜色和状态，并写出反应方程式。

5.镁、钙与水的反应

(1)取长为 1 cm 左右的镁条，用砂纸擦去表面的氧化膜，放入一支试管中，加入 1mL 左右的水观察有无反应，然后将试管加热，观察反应情况。加入几滴酚酞检验水溶液的碱性，请写出反应方程式。

(2)用小刀切黄豆大小的一块钙，用滤纸吸干煤油后，放入盛有约 1 mL 水的试管中，观察反应情况，并检验溶液的 pH。比较钙镁与水反应的情况，并说明它们的金属活泼性顺序。

6.氢氧化镁

(1)氢氧化镁的生成和性质。在三支试管中，都加入 5 滴 0.5 $mol \cdot L^{-1}$的 $MgCl_2$ 溶液，然后各加入 5 滴 6 $mol \cdot L^{-1}$ $NH_3 \cdot H_2O$，观察 $Mg(OH)_2$ 沉淀的生成。然后分别加入饱和 NH_4Cl 溶液，2$mol \cdot L^{-1}$ 的盐酸和 2 $mol \cdot L^{-1}$ NaOH 溶液，观察反应情况，并写出反应方程式。

(2)镁、钙、钡氢氧化物的难溶性。在三支试管中分别加入 5 滴 0.5 $mol \cdot L^{-1}$ 的 $MgCl_2$，$CaCl_2$ 和 $BaCl_2$ 溶液，再加入等体积新配制的 2 $mol \cdot L^{-1}$ 氢氧化钠溶液，观察沉淀生成。

7.碱土金属难溶性盐

(1)镁、钙、钡硫酸盐溶解性的比较。在三支试管中分别加入 5 滴 0.5 $ml \cdot L^{-1}$ 的 $MgCl_2$，$CaCl_2$ 和 $BaCl_2$ 溶液，然后分别注入等量的 0.5 $mol \cdot L^{-1}$ 硫酸钠溶液，观察现象。若 $MgCl_2$，$CaCl_2$ 溶液加入硫酸钠溶液后无沉淀生成，可用玻璃棒摩擦试管壁，再观察有无沉淀生成，说明沉淀的情况。分别检验沉淀与浓 H_2SO_4 的反应，并写出反应方程式。

另外，在两支试管中分别加入5滴0.5 mol·L^{-1}的$CaCl_2$和$BaCl_2$溶液，各加入等体积饱和$CaSO_4$溶液，并观察沉淀生成的情况。

通过以上实验结果比较$MgSO_4$，$BaSO_4$和$CaSO_4$溶解度的大小。

(2)钙、钡铬酸盐的生成和性质。在两支试管中分别注入5滴0.5 mol·L^{-1}的$CaCl_2$和$BaCl_2$溶液，再各注入5滴0.5 mol·L^{-1}的铬酸钾溶液，观察现象。分别实验沉淀与6 mol·L^{-1}的醋酸和2 mol·L^{-1}的盐酸溶液反应，并写出反应方程式。

(3)草酸钙的生成和性质。取5滴0.5 mol·L^{-1} $CaCl_2$溶液注入试管中，加入5滴饱和草酸铵溶液，观察反应产物的颜色和状态。把沉淀分成两份，分别实验它们与2 mol·L^{-1}的盐酸和6 mol·L^{-1}的醋酸反应，并写出反应方程式。

8. 碱金属和碱土金属盐的焰色反应

取一支铂丝(或镍铬丝)蘸以6 mol·L^{-1}盐酸溶液在氧化焰中烧至无色，再蘸上氯化物溶液在氧化焰中灼烧，观察火焰颜色。依照此法，分别进行NaCl，KCl，$CaCl_2$，$SrCl_2$和$BaCl_2$溶液的焰色反应实验。每进行完一种溶液的焰色反应后，均需蘸6 mol·L^{-1}盐酸溶液灼烧铂丝(或镍铬丝)，观察钾盐的焰色反应时，为消除钠对钾焰色的干扰，一般需用蓝色的钴玻璃片滤光。

四、问题与讨论

(1)试设计一个分离K^+，Mg^{2+}和Ba^{2+}的实验方案。

(2)若实验室中发生镁的燃烧事故，应用什么方法灭火？可否用水或二氧化碳来灭火？

五、安全提示

(1)金属钠、钾、钙平时应保存在煤油中或液状石蜡中。取用时，可在煤油中用小刀切割，用镊子夹取，并用滤纸把煤油吸干。切勿与皮肤接触，未用完的钠屑不能乱丢，可放回原瓶中或放在少量酒精中，使其缓慢消耗掉。

(2)汞盐和汞蒸气均有剧毒，使用汞时，应更加注意安全。由于汞的相对密度很大，用普通滴管吸取时容易自然下落。为了使汞不洒落在桌面或地面上，取汞的操作可在搪瓷盘上进行，如不慎将汞洒落时，一定要用滴管尽可能地将汞收回，然后在有可能残存汞的地方撒上一层硫磺粉。对洒在狭缝中的残汞应灌入融化的硫磺。

(3)钠与汞形成钠汞齐时，若钠的含量很少时则呈黏液状态。钠的含量较多时，呈固态，性脆。由于加入钠和汞的量不同，钠汞齐可以以不同的组成存在。钠汞齐的反应产物、溶液均需回收处理。

实验二十二　过渡金属元素的性质

一、实验目的

(1)了解配合物的生成、解离和转化。根据实验原理，培养学生自行设计实验内容的能力。

(2)了解卤化银的性质。

(3)了解不同价态的铬化合物、锰化合物、铁化合物的氧化还原性。

(4)了解介质对氧化还原反应的影响。

二、实验原理

1. 配合物的形成

元素周期表中副族元素的特性之一是易形成配合物。大多数配合物是由内界(内界由中心离子与配位体组成，又叫配离子）和外界离子构成的。常见的配离子有$[Ag(NH_3)_2]^+$，$[Fe(SCN)]^{2+}$（血红色），$[FeF_6]^{3-}$，$[Ag(S_2O_3)_2]^{2-}$等。形成的配合物，使原物质的某些性质发生改变，如颜色、溶解度和氧化还原性等。

2. 配离子的解离平衡

配合物是强电解质，在水溶液中完全解离成配离子和简单外界离子，如：

$$[Ag(NH_3)_2]Cl=[Ag(NH_3)_2]^+ + Cl^-$$

配离子较稳定，像弱电解质一样在水溶液中部分解离，如：

$$[Ag(NH_3)_2]^+ = Ag^+ + 2NH_3\uparrow$$

配离子的解离平衡也是一种离子平衡，当外界环境变化时也能使平衡发生移动。如改变Ag^+或NH_3浓度时，可使下列平衡发生移动：

$$[Ag(NH_3)_2]^+ = Ag^+ + 2NH_3$$

在$[Fe(SCN)]^{2+}$配离子溶液中加入F^-时，反应向生成更稳定的$[FeF_6]^{3-}$方向移动：

$$[Fe(SCN)]^{2+} + 6\,F^- = [FeF_6]^{3-} + SCN^-$$

当一个配位体中有两个或多个原子连接一个中心离子形成环状结构时，此化合物叫螯合物。很多金属的螯合物具有特征颜色，且难溶于水，故螯合物常用于分析化学中鉴定金属离子，例如Ni^{2+}的鉴定反应，即利用Ni^{2+}与丁二肟在弱碱条件下（氨水）生成难溶于水的红色螯合物沉淀来鉴定Ni^{2+}的：

$$[Ni(NH_3)_4]^{2+}(aq) + 2\begin{matrix} CH_3-C=NOH \\ | \\ CH_3-C=NOH \end{matrix}(aq) + 2H_2O + 2OH^-(aq) =$$

O — ····H — O
↑　　　　　|
CH₃ — C = N　　　N = C — CH₃
　　　|　　↘　↙　　|
　　　|　　　Ni　　　|
　　　|　　↗　↖　　|
CH₃ — C = N　　　N = C — CH₃(S)　$+4NH_3\cdot H_2O(aq)$
　　　|　　　　　↓
O — H···· — O

3. 卤化银的性质

卤化银中 AgCl，AgBr 和 AgI 依次为白色、浅黄色和黄色沉淀，在$NH_3\cdot H_2O$或$Na_2S_2O_3$溶液中，因生成$[Ag(NH_3)_2]^+$或$[Ag(S_2O_3)_2]^{3-}$而使某些沉淀溶解，如：

$$AgCl + 2\,NH_3 = [Ag(NH_3)_2]^+ + Cl^-$$

$$AgCl + 2\,S_2O_3^{2-} = [Ag(S_2O_3)_2]^{3-} + Cl^-$$

$$AgBr + 2\,S_2O_3^{2-} = [Ag(S_2O_3)_2]^{3-} + Br^-$$

4. 一些化合物的氧化还原性

在元素周期表的 d 区元素中，许多元素有许多价态，如 Mn 的主要氧化数有+2 价、+4 价、+6 价+7 价，Cr 的主要氧化数有+3 价和+6 价，Fe 的主要氧化数有+2 价和+3 价。它们的高价态都具有氧化性，低价态都具有还原性，中间价态物质既具有氧化又具有还原性。

（1）$KMnO_4$和$K_2Cr_2O_7$均是强氧化剂，在不同介质（酸性、中性或碱性）中，其氧化性强弱不同。$KMnO_4$ 与 Na_2SO_3 在不同介质中的离子反应如下：

$$2MnO_4^- + 5SO_3^{2-} + 6H^+ = 2Mn^{2+} + 5SO_4^{2-} + 3H_2O$$

$$2MnO_4^- + 3SO_3^{2-} + H_2O = 2MnO_2 \downarrow + 3SO_4^{2-} + 2OH^-$$

$$2MnO_4^- + SO_3^{2-} + 2OH^- = 2MnO_4^{2-} + SO_4^{2-} + H_2O$$

(2)Cr 的最高价态为+6 价，其在不同 pH 范围内可存在 CrO_4^{2-} 和 $Cr_2O_7^{2-}$ 两种形式，两者关系如下：

$$2CrO_4^{2-} + 2H^+ = Cr_2O_7^{2-} + H_2O$$

在酸性介质中，$Cr_2O_7^{2-}$ 具有强氧化性，可将 SO_3^{2-} 氧化成 SO_4^{2-}，其离子反应方程式如下：

$$Cr_2O_7^{2-} + 3SO_3^{2-} + 8H^+ = 2Cr^{3+} + 3SO_4^{2-} + 4H_2O$$

(3)中间价态物质的氧化还原性，以过氧化氢（H_2O_2）为例。H_2O_2 中氧的氧化数为－1，故过氧化氢的特征化学性质是在一定条件下具有氧化性和不稳定性，在其他条件下又可表现为还原性。例如：

$$H_2O_2 + 2I^- + 2H^+ = I_2 \downarrow + 2H_2O$$

$$2MnO_4^- + 5H_2O_2 + 6H^+ = 2Mn^{2+} + 5O_2 \uparrow + 8H_2O$$

三、仪器与试剂

仪器：离心机、离心试管、试管、试管架。

试剂：$AgNO_3$（0.1 mol·L^{-1}）、$NH_3 \cdot H_2O$（2 mol·L^{-1}）、NaOH（2 mol·L^{-1}）、$FeCl_3$（0.1 mol·L^{-1}）、KSCN（0.1 mol·L^{-1}）、NaF（0.1 mol·L^{-1}）、$NiSO_4$（0.1 mol·L^{-1}）、$NH_3 \cdot H_2O$（6 mol·L^{-1}）、KBr（0.1 mol·L^{-1}）、KI（0.1 mol·L^{-1}）、$KMnO_4$（0.01 mol·L^{-1}）、NaCl（0.1 mol·L^{-1}）、Na_2SO_3（0.5 mol·L^{-1}）、H_2SO_4（3 mol·L^{-1}）、NaOH（6 mol·L^{-1}）、$K_2Cr_2O_7$（0.1 mol·L^{-1}）、HNO_3（2 mol·L^{-1}）、K_2CrO_4（0.1 mol·L^{-1}）、$Na_2S_2O_3$（0.2 mol·L^{-1}）、H_2O_2（3%）。

四、实验内容

1. Ag（Ⅰ）配离子的生成与解离

取 1 支试管加入 $AgNO_3$（0.1 mol·L^{-1}）溶液 3 滴，再逐滴加入 $NH_3 \cdot H_2O$（2 mol·L^{-1}），每加 1 滴氨水，要充分振荡试管，直至生成的沉淀完全消失，再多加 1～2 滴氨水，观察并记录现象，请写出反应方程式。

根据实验原理，试自行设计实验方案，通过对 $AgNO_3$ 溶液中银离子检验和银氨配合物溶液中的银离子检验对比，请说明 $AgNO_3$ 和 $[Ag(NH_3)_2]OH$ 解离情况的区别。

2. Fe（Ⅲ）配离子的生成及转化

取 1 支试管加入 $FeCl_3$（0.1 mol·L^{-1}）溶液 2 滴，加水稀释至无色，再加入 1～2 滴 KSCN（0.1 mol·L^{-1}）溶液，观察并记录现象。

在上述试管中再加入 NaF（0.1 mol·L^{-1}）溶液，观察颜色的变化，写出反应方程式并解释现象。

3. Ni（Ⅱ）配合物的生成与颜色变化

在试管中加入 $NiSO_4$（0.1 mol·L^{-1}）溶液约 0.5 mL，再加入氨水（6 mol·L^{-1}）约 0.5 mL，观察并记录现象。

在上述溶液中再加入 1～2 滴丁二肟溶液，观察鲜红色沉淀的生成。

4. 卤化银的性质

取3支离心试管各加入2滴NaCl(0.1 mol·L^{-1})溶液，再分别滴加$AgNO_3$(0.1 mol·L^{-1})溶液5滴，使AgCl沉淀完全。再将3支离心试管放在离心机的套管中离心分离(注意：位置必须对称)，弃去清液后，依次加入HNO_3(2 mol·L^{-1})，$NH_3 \cdot H_2O$(2 mol·L^{-1})，$Na_2S_2O_3$(0.2 mol·L^{-1})溶液各5～6滴，观察并记录现象，请写出有关的反应方程式。

按上述方法，再依次用KBr(0.1 mol·L^{-1})、KI(0.1 mol·L^{-1})溶液代替NaCl溶液，进行同样实验(用量同上)，观察并记录现象，请写出有关的反应方程式。

5. $KMnO_4$的氧化性

在3支试管中各加入$KMnO_4$(0.01 mol·L^{-1})溶液5滴，第一支试管中加入H_2SO_4(3 mol·L^{-1})溶液2滴，第二支试管中加入蒸馏水2滴，第三支试管中加入NaOH(6 mol·L^{-1})溶液2滴，振荡摇匀后，再分别给3支试管中加入Na_2SO_3(0.5 mol·L^{-1})溶液1滴。观察现象有何区别，并写出有关的反应方程式。

6. $K_2Cr_2O_7$的氧化性与颜色变化

在试管中加入$K_2Cr_2O_7$(0.1 mol·L^{-1})溶液3滴，加入H_2SO_4(3 mol·L^{-1})溶液1滴，摇匀后加入Na_2SO_3(0.5 mol·L^{-1})溶液5～6滴。观察并记录颜色变化，并写出反应方程式。

7. $K_2Cr_2O_7$与K_2CrO_4的相互转化

取两支试管，分别加入0.1 mol·L^{-1} $K_2Cr_2O_7$溶液和0.1 mol·L^{-1} K_2CrO_4溶液各0.5 mL，观察两溶液的颜色并记录。在第一支试管($K_2Cr_2O_7$溶液)中再加入NaOH(6 mol·L^{-1})溶液1滴，第二支试管(K_2CrO_4溶液)中再加入H_2SO_4(3 mol·L^{-1})溶液1滴，观察颜色变化并解释原因，请写出反应方程式。

8. H_2O_2的氧化还原性

取KI(0.1 mol·L^{-1})溶液10滴，加H_2SO_4溶液2～3滴，再加H_2O_2(3%)溶液5～6滴，观察现象，写出反应方程式，并指出哪个是氧化剂。

取$KMnO_4$(0.01 mol·L^{-1})溶液5滴，加H_2SO_4溶液2～3滴，再加H_2O_2(3%)溶液5滴，观察现象，写出反应方程式，并指出哪种物质是还原剂。

五、问题与讨论

(1)相同浓度的$AgNO_3$和$[Ag(NH_3)_2]NO_3$溶液中Ag^+和NO_3^-浓度是否相同？为什么？

(2)$[Fe(SCN)]^{2+}$溶液中加入NaF溶液后，颜色发生变化，为什么会发生此反应？

(3)AgCl，AgBr，AgI在HNO_3，$NH_3 \cdot H_2O$和$Na_2S_2O_3$溶液中的溶解情况有何区别？如何解释？

(4)$KMnO_4$在酸性、中性和碱性介质中的氧化性是否相同？用学过的知识解释为什么。

(5)重铬酸钾和铬酸钾在不同介质中可以互变，铬的价数有无变化？

六、电动离心机使用注意事项

电动离心机在实验室中用于少量沉淀和溶液的分离，使用时要注意以下两点：

(1)试管放在离心机的套管中，位置必须对称，否则离心机运行不平衡易损坏机器。若需分离的沉淀试管为1支或5支时，应再放1支盛有相等体积水的试管，以保持运转平衡。

(2)打开旋钮，使转速渐由小到大，1～2 min后关闭旋钮。在任何情况下，都不能猛力启动离心机或在未停止前用手按住离心机的轴使其强制停下来，否则易损坏离心机，且可能发生危险。

实验二十三　常见阴离子、阳离子的分离和鉴定(设计型实验)

一、实验目的

(1)掌握常见阳离子、阴离子的基本性质。

(2)了解常见阳离子、阴离子的分离方法。

(3)了解常见阳离子、阴离子的鉴定方法。

二、实验原理

一般在鉴定溶液中的某种离子时,常根据被鉴定离子在水溶液中与试剂离子反应,是否生成具有某些特殊性质,如沉淀的生成或溶解、溶液颜色的改变、是否有气体产生等实验现象,来确定被鉴定离子存在与否。本实验就是根据常见阳离子、阴离子的性质,探讨其分离、鉴定的简便方法。

本实验分离、鉴定的阳离子均能与 NaOH 反应生成氢氧化物沉淀,根据它们生成氢氧化物沉淀所需的 pH 不同的原理,可通过控制 pH 的大小来将其分离开,然后再利用不同离子的特性逐一鉴定。反应方程式如下:

$$4Fe^{3+} + 3[Fe(CN)_6]^{4-} = Fe_4[Fe(CN)_6]_3\downarrow$$

$$2Mn^{2+} + 5BiO_3^- + 14H^+ = 2MnO_4^- + 5Bi^{3+} + 7H_2O$$

在 pH=10 的溶液中,Mg^{2+} 与铬黑 T 的反应为

$$HIn^{2-}(\text{蓝色}) + Mg^{2+} = MgIn^-(\text{红色}) + H^+$$

HN—HN—C_6H_5　　　　　　　HN—HN—C_6H_5

$1/2Zn^{2+}$+C=S　　——→　　C=S ——→ $Zn^{2+}/2$

N=N—C_6H_5　　　　　　　　N=N—C_6H_5

本实验鉴定的阴离子为常见离子,可采用其典型的特征反应进行鉴定:

$$Hg^{2+} + 2I^- = HgI_2(\text{红色})$$

$$HgI_2 + 2I^- = [HgI_4]^{2-}(\text{无色})$$

三、仪器与试剂

仪器:试管、离心试管、离心机。

试剂:HCl(2 mol·L^{-1})、NaOH(2 mol·L^{-1})、$NH_3\cdot H_2O$(6 mol·L^{-1})、$ZnSO_4$(0.1 mol·L^{-1})、$HgCl_2$(0.1 mol·L^{-1})、$CrCl_3$(0.1 mol·L^{-1})、$CuCl_2$(0.1 mol·L^{-1})、$K_4[Fe(CN)_6]$(0.1 mol·L^{-1})、$MnSO_4$(0.1 mol·L^{-1})、$BaCl_2$(0.1 mol·L^{-1})、$MgCl_2$(0.1 mol·L^{-1})、Na_2S(0.1 mol·L^{-1})、$Fe_2(SO_4)_3$(0.1 mol·L^{-1})、$AgNO_3$(0.1 mol)、Na_2SO_4(0.1 mol·L^{-1})、NaCl(0.1 mol·L^{-1})、KI(0.1 mol·L^{-1})、H_2O_2(3%)、二苯硫腙溶液(CCl_4 溶液,2 g·L^{-1})、铬黑 T 溶液、$NaBiO_3$ 晶体。

四、实验内容

1. 阳离子的分离、鉴定

Mg^{2+},Fe^{3+},Zn^{2+} 的混合溶液的配制:先在试管中加入 3 mL 去离子水,然后依次加入 10 滴 0.1 mol·L^{-1} $MgCl_2$,0.1 mol·L^{-1} $Fe_2(SO_4)_3$,0.1 mol·L^{-1} $ZnSO_4$ 溶液,注入试管 1 中,参照以下步骤进行分离和鉴定。

(1)Mg^{2+},Fe^{3+},Zn^{2+} 的分离。在混合液中逐滴加入 NaOH 溶液,直到混合液中产生沉淀

并使其 pH=4 时为止，然后离心分离。把上清液移到另一试管 2 中；沉淀用去离子水洗涤两遍后，记为沉淀 1，留待下面分析。

往试管 2 的上清液中继续逐滴加入 NaOH 溶液，直到溶液中产生沉淀并使其 pH=8 时止，把上清液移到另一试管 3 中；沉淀用去离子水洗涤两遍后，记为沉淀 2，留待下面分析。

(2)Mg^{2+}，Fe^{3+}，Zn^{2+} 的鉴定。

1)Fe^{3+} 的鉴定：取沉淀 1 加入去离子水及几滴盐酸，振荡试管使沉淀溶解。然后加入 $K_4[Fe(CN)_6]$ 溶液，如有深蓝色沉淀，证明有 Fe^{3+}。

2)Zn^{2+} 的鉴定：取沉淀 2 加入去离子水及几滴 NaOH 溶液，振荡试管使沉淀溶解。然后滴入 5 滴二苯硫腙溶液，并在水浴上加热，如试管中水相呈粉红色，证明有 Zn^{2+}。

3)Mg^{2+} 的鉴定：取试管 3 中的上清液 1 mL 滴加 NaOH 溶液，使其 pH=10，然后加入 2 滴铬黑 T 溶液，如溶液呈红色，证明有 Mg^{2+}。

(3)Cr^{3+}，Mn^{2+} 的鉴定。

1)Cr^{3+} 的鉴定：先在试管中滴入 10 滴待测液 1，滴加 2 $mol \cdot L^{-1}$ NaOH 溶液至沉淀消失为止；再滴入 3% H_2O_2 溶液，然后在水浴中加热至溶液颜色转变为黄色；再滴入 5 滴 $AgNO_3$ 溶液，有砖红色沉淀者，证明有 Cr^{3+}。

2)Mn^{2+} 的鉴定：先在试管中滴入 10 滴待测液 2，滴入 1 滴 2 $mol \cdot L^{-1}$ HCl 溶液，然后加入少量 $NaBiO_3$ 晶体，溶液颜色转变为紫红色者，证明有 Mn^{2+}。

2. 阴离子的鉴定

(1)$SO_4{}^{2-}$ 的鉴定。取待测液 2 mL，加入几滴 $BaCl_2$，观察现象。如有白色沉淀，证明有 $SO_4{}^{2-}$ 存在。

(2)Cl^- 的鉴定。取待测液 2 mL，加入几滴 $AgNO_3$，观察现象。如有白色沉淀，加入氨水沉淀能溶解，证明有 Cl^- 存在。

(3)I^- 的鉴定。取 1 mL $HgCl_2$ 溶液，逐滴加入待测液，观察现象。如先有红色沉淀，后沉淀又溶解，证明有 I^- 存在。

(4)S^{2-} 的鉴定。取待测液 2 mL，加入几滴 $CuCl_2$，观察现象。如有黑色沉淀，证明有 S^{2-} 存在。

五、问题与讨论

(1)已知 S^{2-}，$SO_4{}^{2-}$ 等阴离子混合液，如何分离和鉴定？

(2)若溶液中存在有 Cl^-，I^-，则如何分离和鉴定？

(3)Cr^{3+}，Mn^{2+} 能否用与 NaOH 反应生成氢氧化物沉淀的方法分离？

实验二十四　配合物的性质(设计型实验)

一、实验目的

(1)比较并解释配离子的稳定性。

(2)理解配位平衡。

(3)了解配合物的一些应用。

二、实验原理

配合物的组成一般可分为外界和内界两个部分，中心离子和配体组成配合物的内界，其余离子处于外界。如$[Cu(NH_3)_4]SO_4$中的Cu^{2+}和4个NH_3组成内界，SO_4^{2-}处于外界。在水溶液中主要以$[Cu(NH_3)_4]^{2+}$和SO_4^{2-}两种离子存在。

配离子在水溶液中会发生解离，也就是说配离子在溶液中同时存在着配位过程和解离过程，即存在配位平衡。如：

$$Cu^{2+} + 4NH_3 = [Cu(NH_3)_4]^{2+}$$

配位反应广泛应用于离子鉴定、分离，在冶金工业中广泛应用于提炼、分离金属等。

三、仪器与试剂

实验仪器：试管、离心试管、试管架和离心机。

试剂：HCl(1 mol·L^{-1})、$NH_3.H_2O$(6 mol·L^{-1})、KI(0.1 mol·L^{-1})、KBr(0.1 mol·L^{-1})、$K_4[Fe(CN)_6]$(0.1 mol·L^{-1})、NaCl(0.1 mol·L^{-1})、Na_2S(0.1 mol·L^{-1})、$Na_2S_2O_3$(0.1 mol·L^{-1})、EDTA二钠盐(0.1 mol·L^{-1})、KSCN(0.1 mol·L^{-1})、NH_4SCN(饱和)、$(NH_4)_2C_2O_4$(饱和)、NH_4F(2 mol·L^{-1})，$AgNO_3$(0.1 mol·L^{-1})、$CuSO_4$(0.1 mol·L^{-1})、$FeCl_3$(0.1 mol·L^{-1})、$NiSO_4$(0.1 mol·L^{-1})、Fe^{3+}和Co^{2+}混合试剂、碘水、锌粉、丁二酮肟(1%)、戊醇。

四、实验内容

1.配离子的稳定性

(1)往盛有2滴0.1mol·L^{-1} $FeCl_3$溶液的试管中加1滴0.1 mol·L^{-1} KSCN溶液，有何现象？然后再逐滴加入饱和$(NH_4)_2C_2O_4$溶液，观察溶液颜色有何变化。请写出有关反应方程式，并比较Fe^{3+}的两种配离子的稳定性大小。

(2)在盛有10滴0.1mol·L^{-1} $AgNO_3$溶液的试管中，加入10滴0.1 mol·L^{-1} NaCl溶液。倾去上层清液，然后在试管中依次进行下列实验：

1)加6mol·L^{-1}氨水(不断摇动试管)至沉淀刚好溶解。

2)加10滴0.1 mol·L^{-1} KBr溶液，有何沉淀生成？

3)倾去上层清液，滴加0. L mol·L^{-1} $Na_2S_2O_3$溶液至沉淀溶解。

4)滴加0.1 mol·L^{-1} KI溶液，又有何沉淀生成？

写出以上各反应的方程式，并根据实验现象比较：①$[Ag(NH_3)_2]^+$，$[Ag(S_2O_3)_2]^{3-}$的稳定性大小；②AgCl，AgBr，AgI的K_{sp}的大小。

(3)在0.5 mL碘水中，逐滴加入0.1 mol·L^{-1} $K_4[Fe(CN)_6]$溶液振荡，有何现象？请写出反应方程式。

2.配位平衡

在盛有5 mL 0.1mol·L^{-1} $CuSO_4$溶液的小烧杯中加入6 mol·L^{-1}氨水，直至最初生成的碱式盐$Cu_2(OH)_2SO_4$沉淀又溶解为止。

现欲破坏该配离子，请按下述要求，自己设计实验步骤进行实验，并写出有关反应方程式：

(1)利用酸碱反应来破坏配离子；

(2)利用沉淀反应来破坏配离子；

(3)利用氧化还原反应来破坏配离子：

提示：

$$[Cu(NH_3)_4]^{2+} + 2e^- = Cu + 4NH_3\uparrow \quad \varphi^\ominus = -0.02\ V$$

$$[Zn(NH_3)_4]^{2+} + 2e^- = Zn + 4NH_3\uparrow \quad \varphi^\ominus = -1.02\ V$$

(4)利用生成更稳定配合物(如螯合物)的方法破坏配离子。

3.配合物的某些应用

(1)利用生成有色配合物来定性鉴定某些离子。Cu^{2+}与$K_4[Fe(CN)_6]$在中性或酸性介质中反应,生成红棕色$Cu_2[Fe(CN)_6]$沉淀,发生以下反应:

$$2Cu^{2+} + [Fe(CN)_6]^{4-} = Cu_2[Fe(CN)_6]\downarrow$$

该沉淀不溶于稀酸,但溶于氨水,与碱作用时分解:

$$Cu_2[Fe(CN)_6] + 8NH_3 = 2[Cu(NH_3)_4]^{2+} + [Fe(CN)_6]^{4-}$$

$$Cu_2[Fe(CN)_6] + 4OH^- = 2Cu(OH)_2\downarrow + [Fe(CN)_6]^{4-}$$

(2)利用生成配合物掩蔽干扰离子。取Fe^{3+}和Co^{2+}混合试液2滴于一试管中,加入8～10滴饱和NH_4SCN溶液,有何现象产生?逐滴加入2 $mol \cdot L^-$ NH_4F溶液,并摇动试管,有何现象?继续滴加至溶液变为淡红色,然后加戊醇6滴,振荡试管,静置,观察戊醇层的颜色。

五、问题与讨论

(1)可用哪些不同类型的反应使$[FeSCN]^{2+}$配离子的红色褪去?

(2)请用适当的方法将下列各组化合物逐一溶解:①AgCl,AgBr,AgI;②$Mg(OH)_2$,$Zn(OH)_2$,$Al(OH)_3$;③CuC_2O_4,CuS。

第五章　综合型实验与仿真实验

实验二十五　溴百里酚蓝的解离常数的测定

一、实验目的

(1)了解分光光度法测定溴百里酚蓝的解离常数的原理和方法。

(2)了解和掌握酸度计的使用方法。

(3)掌握溶液的配制方法。

二、实验原理

溴百里酚蓝是常用的酸碱指示剂,也是弱电解质,在溶液中存在如下解离平衡:

$$HIn = H^+ + In^-$$

其解离常数为

$$K_a=\frac{[In^-][H^+]}{[HIn]} \tag{5-1}$$

取负对数得其解离常数 pK_a 值与 pH 的关系为

$$pK_a=pH - \lg\frac{[In^-]}{[HIn]}$$

或写成

$$pH = pK_a + \lg\frac{[In^-]}{[HIn]} \tag{5-2}$$

从式(5-2)可知,在某一确定的 pH 下,只要测得$\frac{[In^-]}{[HIn]}$的比值,就可以计算 pK_a。由于 HIn 与 In^- 能够吸收可见光(见图 5-1),因此可以用分光光度法测定$\frac{[In^-]}{[HIn]}$。

当溶液 pH<4 时,溴百里酚蓝几乎没有解离,全部以 HIn 形式存在,用 1.0 cm 的吸收池在波长 λ(通常选择其最大吸收波长 λ_{max})下测定溶液的吸光度,吸光度与浓度之间的关系为

$$A^0_{HIn}=\varepsilon_{\lambda,HIn}b[HIn]=\varepsilon_{\lambda,HIn}bc^0 \tag{5-3}$$

同理,当溶液 pH>10 时,溴百里酚蓝几乎全部解离,以 In^- 形式存在,此时用 1.0 cm 的吸收池在波长 λ 下测得的吸光度为

$$A^0_{In^-}=\varepsilon_{\lambda,In^-}[In^-]=\varepsilon_{\lambda,In^-}c^0 \tag{5-4}$$

当溶液部分解离时,溶液中 HIn 与 In^- 共存,在波长 λ 下测量的吸光度为 HIn 和 In^- 吸光度之和,即

$$A_x=\varepsilon_{\lambda,HIn}[HIn]+\varepsilon_{\lambda,In^-}[In^-] \tag{5-5}$$

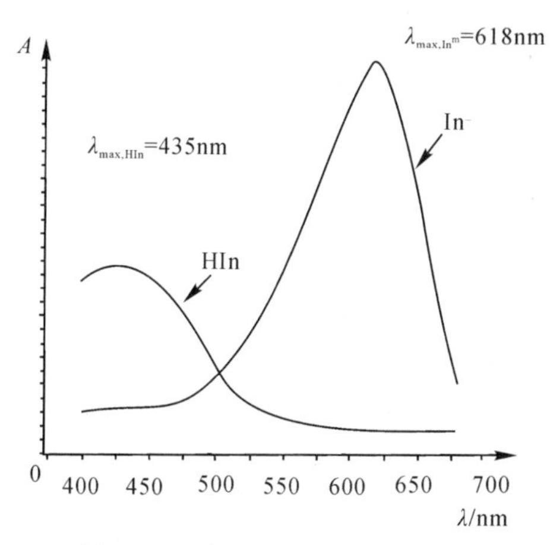

图 5－1　溴百里酚蓝的吸收光谱

由于 HIn 与 In^- 的平衡浓度之和等于弱电解质的总浓度 c^0，即

$$c^0=[HIn]+[In^-] \tag{5-6}$$

将式(5－3)、式(5－4)、式(5－5)、式(5－6)联立求解，得

$$\frac{[In^-]}{[HIn]}=\frac{A^0_{HIn}-A_x}{A_x-A^0_{In^-}} \tag{5-7}$$

将式(5－7)代入式(5－2)，得

$$pH=pK_a+\lg\frac{A^0_{HIn}-A_x}{A_x-A^0_{In^-}} \tag{5-8}$$

式中：ε 为表示摩尔吸光系数；c^0 为表示溶液的总浓度；A^0_{HIn} 为表示强酸介质中的吸光度，此时溴百里酚蓝以 HIn 形式存在；$A^0_{In^-}$ 为表示强碱介质中的吸光度，此时溴百里酚蓝以 In^- 形式存在；A_x 为表示中间 pH 介质中的吸光度，此 pH 由 pH 计测得。

因此 pK_a 可以通过式(5－8)计算求得(见图 5－2)。为了消除测定误差，实验中通常用作图法求得 pK_a。pH 对 $\lg\frac{A^0_{HIn}-A_x}{A_x-A^0_{In^-}}$ 作图得一直线，其截距(此时$[In^-]=[HIn]$)等于 pK_a。使用式(5－2)、式(5－7)和式(5－8)时需注意，只在溶液的 pH 接近 pK_a 的情况下适用。

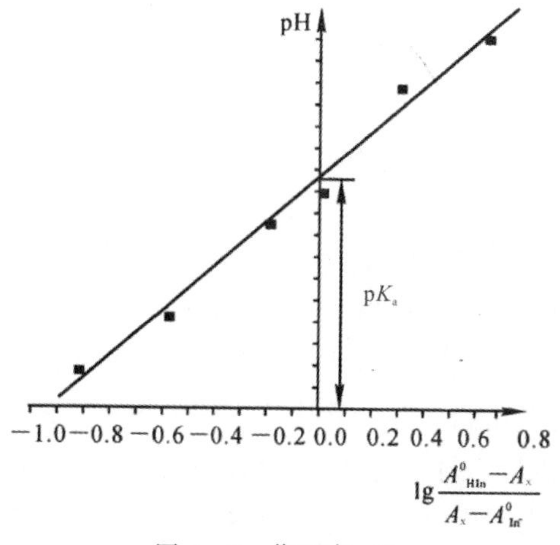

图 5－2　作图求 pK_a

三、仪器与试剂

仪器：722S 分光光度计、pHS－3C 酸度计、加液器、比色管（25 mL）、吸量管（2 mL）。

试剂：NaH_2PO_4（0.20 mol·L^{-1}）、K_2HPO_4（0.20 mol·L^{-1}）、HCl（6 mol·L^{-1}）、NaOH（4 mol·L^{-1}）、缓冲溶液（pH ＝ 6.86 或 pH ＝ 4.0）、溴百里酚蓝（乙醇溶液，0.1%）。

四、实验内容

1. 配制溶液

将 7 个 25 mL 比色管编号 1～7。

在 1 号瓶中加入 1.00 mL 溴百里酚蓝溶液，4 滴 6 mol·L^{-1} HCl 溶液；2～6 号瓶中分别加入 1.00 mL 溴百里酚蓝溶液，再分别按表 5－1 加入相应体积的磷酸盐溶液；在 7 号瓶中加 1.00 mL 溴百里酚蓝溶液，5 滴 4 mol·L^{-1} NaOH。最后用蒸馏水稀释至 25 mL 处的刻度，摇匀。

表 5－1　试剂用量表

室温________℃　波长 λ：________nm　测量日期：________

编号	指示剂/mL	NaH_2PO_4/mL	K_2HPO_4/mL	其他试剂	pH	A	$\frac{[In^-]}{[HIn]}=\frac{A^0_{HIn}-A_x}{A_x-A^0_{In^-}}$	pK_a
1	1.00	0	0	4 滴 HCl		$A^0_{HIn}=0$		
2	1.00	2.5	0.5					
3	1.00	5.0	2.5					
4	1.00	2.5	5.0					
5	1.00	0.5	2.5					
6	1.00	0.5	5.0					
7	1.00	0	0	5 滴 NaOH		$A^0_{In^-}$		

2. 溴百里酚蓝溶液分光光度计测定

用分光光度计在波长 λ＝ 618 nm 下，以 1 号溶液作参比溶液（空白溶液），按 2～7 号的次序分别测定 6 个溶液的吸光度 A。

（1）接通电源开启开关，打开比色池暗箱盖（光路闸刀关闭），仪器预热 20 min，转动波长调节旋钮，选择波长，其波长可由读数窗口显示。

（2）将盛有参比溶液和待测溶液的比色池置于暗箱中的比色池架上，盛放参比溶液的比色池放在第一格内，待测溶液放在其余空格内。

（3）调“0%”。将比色池暗箱盖打开，此时与盖子联动的光路闸刀被关闭，按动“0%”按键，使显示器显示为“0”。若仍未达到“0”，可继续加按“0%”按键，直至到达“0”时为止。

（4）“100%”。将比色池暗箱盖合上，此时与盖子联动的光路闸刀被打开，占据第一格的参比溶液恰好对准光路，使光电管受到透射光的照射，按动“100%”按键，使透光率为 100。若仍未达到 100，可继续加按一次“100%”按键，直至达到 100 为止。反复几次调“0”和“100”，即打开比色池暗箱盖，按“0%”按键，调整“0”。盖上暗箱盖，按“100%”按键，调整“100”。仪器稳定后即可测量。

(5)测量。按动选择显示标尺“模式”键转换到“吸光度”窗口，此时显示窗显示“0”。将比色池定位装置拉杆轻轻地拉出一格，使第二个比色池内的待测溶液进入光路，读出溶液的吸光度值，第二个及第三个比色池中的待测溶液依次进入光路内，读取吸光度值。

测量完毕，关闭电源，取出比色池洗净后倒置放好。

(6)注意事项。取放比色皿时，应捏住比色皿的两个磨砂面，不应用手指去捏比色皿的两个透光面，以免磨损或玷污可透光面，影响测量精度；比色皿用自来水、去离子水洗净后还需用待测溶液润洗数次，确保注入的待测溶液浓度不变，并用细软而吸水的滤纸将黏附在比色皿外壁的液滴揩干。

3. 溴百里酚蓝溶液 pH 的测定

长期放置的复合电极在使用前必须在蒸馏水中浸泡 8 h 以上。用前先取下电极下端电极保护套，将复合电极的参比电极加液小孔露出，甩去玻璃电极下端气泡，加满复合电极中的内参比液，将复合电极放入电极夹待用。插上电源，打开开关，预热仪器 10 min。电极每次使用前要用去离子水或蒸馏水冲洗电极，用滤纸轻轻吸干。

在测未知溶液 pH 之前先进行酸度计的工作条件设置(见图 5-3)，方法如下：

(1)定位调节。使测量准确的步骤叫“定位”。进行操作时，利用酸度计的定位操作按键，将数字调整到已知的 pH = 6.86 缓冲溶液的值上，按动“确认”按键确认。

(2)斜率调节。酸度计电极的实际斜率与斜率项$\frac{-2.303RT}{F}$的理论值有一定的偏差，而且随着使用时间的增加和电极的老化，偏差会更大。因此，必须对电极的斜率进行补偿。进行操作时，利用酸度计的斜率操作按键，将数字调整到已知的 pH = 4.00 缓冲溶液的值上，按动“确认”按键确认。

(3)温度补偿调节。斜率项$\frac{-2.303RT}{F}$与溶液的 T 成正比，当溶液的 T 变化时，电极的斜率也随之变化，因此要设置温度补偿器，使电极在不同温度下，能产生相同的电势变化。进行操作时，利用酸度计的温度补偿按键，将数字调整到测量时的室温，按动“确认”按键确认。

酸度计工作条件设置结束后，酸度计的“定位”“斜率”“温度”按键不应再有任何变动。

(4)pH 的测量。设置好后的酸度计，即可用来测定待测溶液的 pH。

实验时依次按编号 6～2 号的次序用酸度计分别测出溶液的 pH。将已洗净的电极浸入被测溶液(此处不用滤纸吸干水)，稍稍摇动比色管后静止放置，读取显示屏上数值，即为该被测溶液的 pH。仪器测量时，注意将电极充分搅动后再静止放置，以加速响应；复合电极前端的敏感玻璃球泡，不能与硬物接触，任何破损或擦毛都会使电极失效；测量前和测量后都应用蒸馏水清洗电极以保证测量精度。

测量完毕，应关闭电源开关，用蒸馏水冲洗电极，套好电极帽，填写仪器使用登记本，经教师签字验收后方可离开。

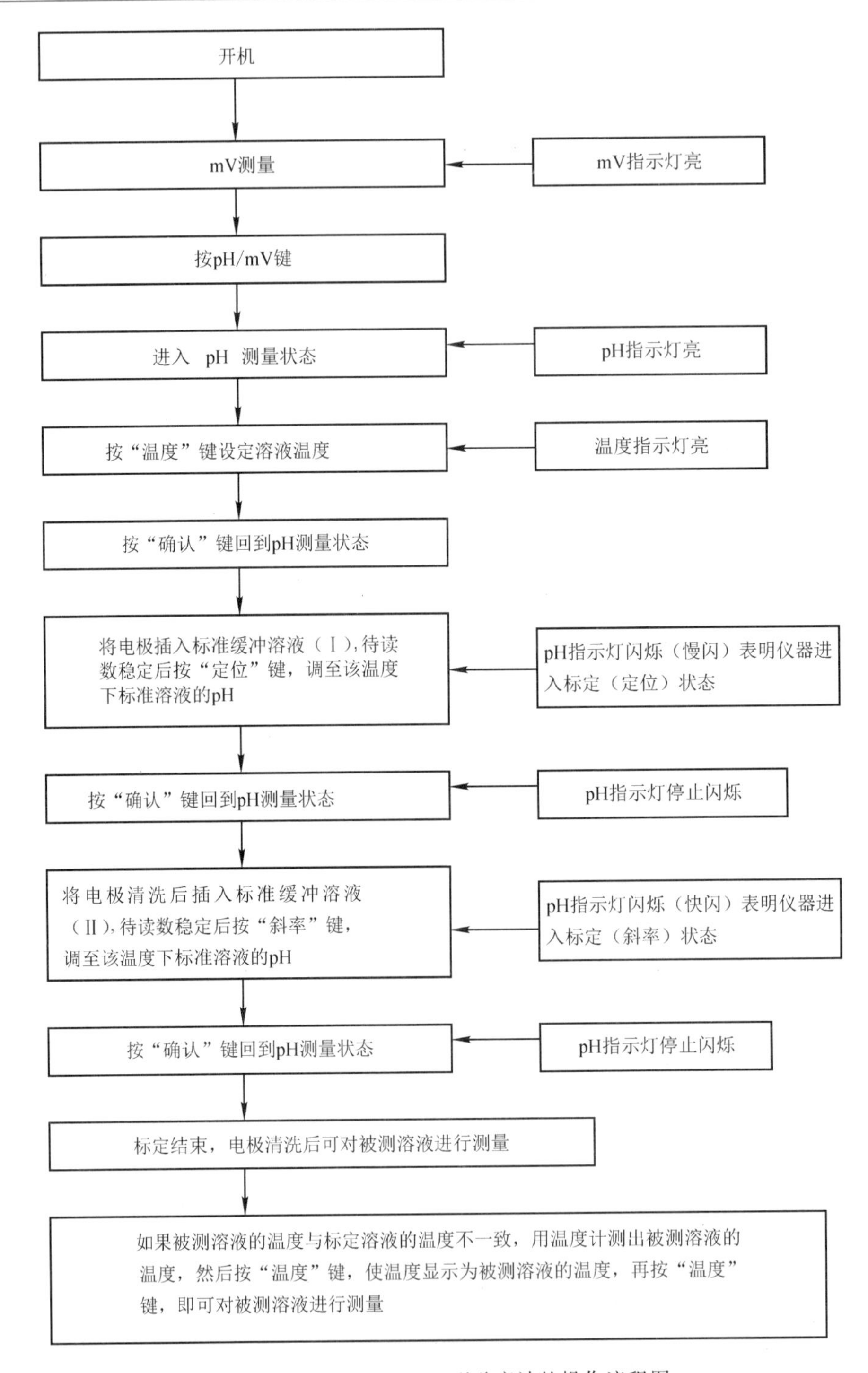

图 5－3　pHS－3C 型酸度计的操作流程图

五、数据记录与处理

以 $\lg\dfrac{A^0_{HIn}-A_x}{A_x-A^0_{In^-}}$ 对 pH 作图得一直线，其截距等于 pK_a。求出 pK_a。将所求 pK_a 与标准值(7.34)比较。每 3 组进行方差计算，并作图。

六、问题与讨论

(1)本实验测定溴百里酚蓝的解离常数的原理是什么?

(2)不同的 pH 的溶液,离解常数是否相同?

(3)酸度计使用时应注意些什么? 酸度计定位的目的是什么?

(4)使用分光光度计时,操作上应注意哪些方面?

七、实验仪器操作说明

1.722S 型分光光度计

分光光度计是利用物质对单色光的选择性吸收来测定物质含量的仪器。这些仪器的型号和结构虽然不同,但工作原理基本相同。

722S 型分光光度计是在可见光谱区(340～1000 nm)内进行定量比色分析的分光光度计,仪器的外形如图 5-4 所示。

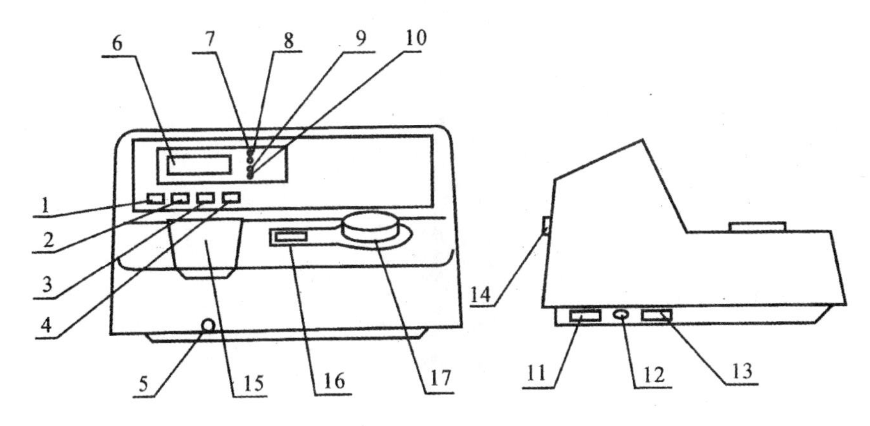

图 5-4　722S 型分光光度计外形图

1—100%T;2—0%T;3—功能扩展键;4—显示标尺;5—试样槽架拉杆;6—显示窗;7—透射比;8—吸光度;9—浓度因子;10—浓度直读;11—电源插座;12—熔丝座;13—开关;14—串行接口;15—样品室;16—波长显示窗;17—波长调节钮

2.雷磁 pHS-3C 型酸度计

酸度计(又称 pH 计)是测定溶液 pH 的常用仪器,也可以用来测定电池的电动势,它具有操作方便、迅速等优点。

酸度计由电极和电计两大部分组成,电极是检测部分,电计是指示部分。

用酸度计测定溶液 pH 的方法是电位测定法。酸度计本身是一个输入阻抗极高的电位计,它可以测量电极的电动势,并将电动势转换成溶液的 pH 而直接表示出来。

测定时,将复合电极(见图 5-5)插入被测溶液中,在溶液中组成如下电池:

电池的电极电势为各级电势之和,即

$$E = -E_{内参} - E_{内玻} + E_{外玻} + E_{液接} + E_{外参} \tag{5-9}$$

式中,$E_{内参}$ 为内参比电极与内参比溶液之间的电势差;$E_{内玻}$ 为内参比溶液与玻璃球泡内壁之间的电势差;$E_{外玻}$ 为玻璃球泡外壁与被测溶液之间的电势差;$E_{液接}$ 为被测溶液与外参比溶液之间的接界电势;$E_{外参}$ 为外参比电极与外参比溶液之间的电势差。

$$E_{外玻} = E^{\ominus}_{玻} - \frac{2.303RT}{F}\text{pH} \tag{5-10}$$

设

$$A=-E_{内参}-E_{内玻}+E_{液接}+E_{外参}+E^{\ominus}_{玻} \tag{5-11}$$

在固定条件下，A 为常数，故

$$E=A-\frac{2.303RT}{F}\text{pH} \tag{5-12}$$

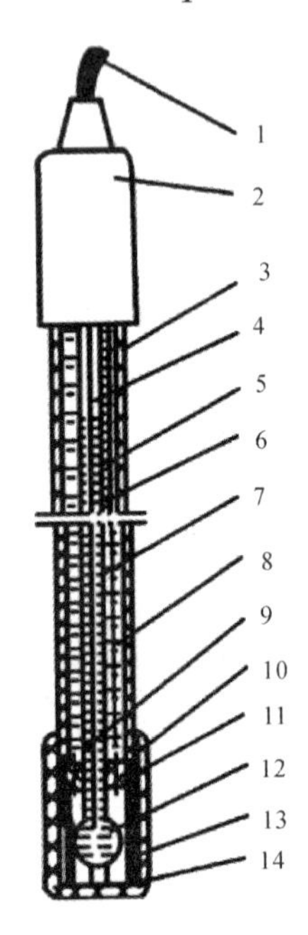

图 5-5　E-201-C 型 pH 复合电极

1—电极电导；2—电极帽；3—加液孔；4—内参比电极；5—外参比电极；
6—电极支持杆；7—内参比溶液；8—外参比溶液；9—液接界；
10—密封圈；11—硅胶圈；12—电极球泡；13—球泡护罩；14—护套

可见，电极电势 E 与被测溶液的 pH 呈线性关系，其斜率为$\frac{-2.303RT}{F}$。因为式(5-12)中常数项 A 随各支电极和各种测量条件而异，因此，只能用比较法，即用已知 pH 的标准缓冲溶液定位，通过酸度计中的调节器消除式中的常数项 A，以便保持相同的测量条件，来检测被测溶液的 pH。

雷磁 pHS-3C 型酸度计外形结构如图 5-6 所示。

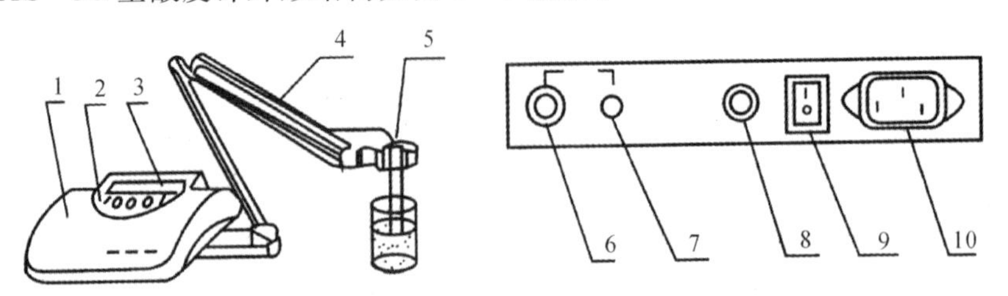

图 5-6　雷磁 pHS-3C 型酸度计外形结构图

1—机箱；2—键盘；3—显示屏；4—多功能电极架；5—电极；
6—测电极插座；7—参与电极接口；8—保险丝；9—电源开关；10—电源插座

实验二十六　目视催化动力学法测定钼(Ⅵ)

一、实验目的

(1)了解利用 Landolt 效应测定微量催化剂钼(Ⅵ)的原理和方法。

(2)练习移液管的使用。

(3)培养和训练学生理论联系实际,综合运用实验有关知识,开发和设计实验的能力。

二、实验原理

钼的用途广泛,在冶金工业中常作为生产各种合金钢的添加剂,以提高金属材料的高温强度、耐磨性和抗腐蚀性。含钼合金钢用来制造运输装置、机车、工业机械以及各种仪器。钼和镍、铬的合金用于制造飞机的金属构件、机车和汽车上的耐蚀零件。钼和钨、铬、钒的合金用于制造军舰、坦克、枪炮、火箭、卫星的合金构件和零部件。金属钼大量用作高温电炉的发热材料和结构材料、真空管的大型电极和栅极、半导体及电光源材料。因钼的热中子俘获截面小和具高持久强度,还可用作核反应堆的结构材料。在化学工业中,钼的化合物主要用于润滑剂、催化剂和颜料。钼化合物在农业肥料中也有广泛的用途,钼是固氮酶和硝酸还原酶的组成元素,缺钼会影响根瘤固氮和蛋白质的合成。钼还能促进作物对磷的吸收和无机磷向有机磷的转化,钼在维生素 C 和碳水化合物的生成、运转和转化中也起着重要作用。同时,钼作为生物体内一种重要的微量元素,对生物体的生长、发育和代谢必不可少。随着工农业的发展,钼的应用范围逐渐扩大,其对于人类生存环境和人体健康的影响也引起了人们的关注。因此,研究和建立起测定微量钼的方法就显得尤为重要。

酸性条件下,$KBrO_3$ 和 KI 可发生氧化还原反应:

$$BrO_3^- + 6I^- + 6H^+ = 3I_2\downarrow + Br^- + 3H_2O \tag{5-13}$$

测得其速度方程式为

$$v = kc(BrO_3^-)c(I^-)c^2(H^+)$$

加入 $Na_2S_2O_3$ 后,产生 Landolt 效应:

$$2S_2O_3^{2-} + I_2 = S_4O_6^{2-} + 2I^- \tag{5-14}$$

反应(5-14)的速度要比反应(5-13)的速度快得多,瞬间完成,故反应(5-13)生成的 I_2 立即与 $S_2O_3^{2-}$ 作用,生成无色的 $S_4O_6^{2-}$ 和 I^-。若向体系中加入淀粉,则 $Na_2S_2O_3$ 一旦耗尽,反应(5-13)生成的 I_2 就立即与淀粉指示剂作用,使混合液呈蓝色。因此,从反应开始混合到溶液出现蓝色的时间(称为诱导时间,用 t 表示),意味着 $Na_2S_2O_3$ 全部耗尽。

钼(Ⅵ)对反应(5-13)有明显的催化作用,作为催化剂的钼离子浓度 $c[Mo(Ⅵ)]$与诱导时间 t 的倒数 $1/t$ 之间有如下线性关系:

$$\frac{t_0}{t} = a + bc[Mo(Ⅵ)] \tag{5-15}$$

没有催化剂存在时,反应的诱导时间用 t_0 表示(亦可称之为空白值)。在一定实验条件下,t_0,a 和 b 均为常数。对含钼试样,测得其诱导时间 t 后,代入式(5-15)即可求出试样中的 Mo(Ⅵ)含量。

三、仪器与试剂

仪器:恒温水浴锅、电动磁力搅拌器、搅拌子、秒表、烧杯(100 mL)、吸量管(1 mL,5 mL)、洗耳球、移液管架、试管架、大试管、容量瓶(100 mL,250 mL)、量筒(10 mL)、玻璃搅拌棒。

试剂：KI(0.01 mol·L^{-1})、$KBrO_3$(0.04 mol·L^{-1})、$Na_2S_2O_3$(0.001 mol·L^{-1})、$NaHSO_4$(0.01 mol·L^{-1})、淀粉(2%)、Mo(Ⅵ)标准溶液[含 Mo(Ⅵ) 0.2 g·L^{-1}]、Mo(Ⅵ)合成样[含 Mo(Ⅵ) 0.2 g·L^{-1}]。

四、实验内容

1.温度的影响

(1)室温下，在一支试管中加入 5 mL $NaHSO_4$，5 mL $KBrO_3$，5 mL 蒸馏水和 2 滴淀粉溶液，摇匀(药品用量和浓度见表 5-2)。在另一支试管中加入 5 mL KI 和 5 mL $Na_2S_2O_3$ 溶液，摇匀。把第二支试管中的溶液迅速倒入第一支试管中，同时用玻璃棒搅拌，并启动秒表开始计时，待溶液刚出现蓝色时按停秒表，记录诱导时间 t_0(即空白值)。

表 5-2 温度的影响实验试剂用量 单位：mL

编号			第一组		第二组		第三组		第四组	
			室温		～室温+5℃		～室温+10℃		～室温+15℃	
			1-1	1-2	2-1	2-2	3-1	3-2	4-1	4-2
试剂用量/mL	试管1	Mo(Ⅵ)(0.2 g·L^{-1})	0	1	0	1	0	1	0	1
		$NaHSO_4$(0.01 mol·L^{-1})	5	5	5	5	5	5	5	5
		$KBrO_3$(0.04 mol·L^{-1})	5	5	5	5	5	5	5	5
		H_2O	5	4	5	4	5	4	5	4
		淀粉(2%)	2 滴	2 滴	2 滴	2 滴	2 滴	2 滴	2 滴	2 滴
	试管2	KI(0.01 mol·L^{-1})	5	5	5	5	5	5	5	5
		$Na_2S_2O_3$(0.001 mol·L^{-1})	5	5	5	5	5	5	5	5
Mo(Ⅵ)浓度/(mg·L^{-1})										
时间 t/s			t_0=	t=	t_0=	t=	t_0=	t=	t_0=	t=
$\frac{t_0}{t}=a+bc[Mo(VI)]$										

(2)室温下，用移液管准确量取 1 mL 的钼(Ⅵ)标准溶液于一支试管中，再向其中加入 5 mL $NaHSO_4$，5 mL $KBrO_3$，4.8 mL 蒸馏水和 2 滴淀粉溶液，摇匀。在另一支试管中加入 5 mL KI 和 5 mL $Na_2S_2O_3$ 溶液，摇匀。把第二支试管中的溶液迅速倒入第一支试管中，同时用玻璃棒搅拌，并启动秒表开始计时，待溶液刚出现蓝色时按停秒表，记录诱导时间 t。

(3)分别在比室温高约 5℃，10℃，15℃的恒温水浴锅中重复步骤(1)和步骤(2)，测其空白值 t_0 和 0.2 mg Mo(Ⅵ)存在下的诱导时间 t，观察温度变化对诱导时间的影响，讨论 $1/t-1/t_0$ 的值随温度的变化趋势。我们会发现有什么规律?

2.钼工作曲线的绘制

取两只 100 mL 的烧杯，用移液管准确量取 a mL 的钼标准溶液于 1 号烧杯中，再向其中加入 10 mL $NaHSO_4$，10 mL $KBrO_3$ 和$(10-a)$mL 蒸馏水，并加入 3 滴淀粉溶液，置于搅拌器上，搅匀(试剂浓度及体积见表 5－3)。量取 10 mL KI 和 10 mL $Na_2S_2O_3$ 于 2 号烧杯中，摇匀。在搅拌下将 2 号烧杯溶液迅速倒入 1 号烧杯中，同时开启秒表。待溶液刚出现蓝色时按停秒表，记录诱导时间 t，钼工作曲线实验试剂用量见表 5－3(a 依次为 0 mL，0.5 mL，1 mL，2 mL，4 mL)。

表 5－3　钼工作曲线实验试剂用量　　单位：mL

编号			1	2	3	4	5
试剂用量/mL	1 号杯	Mo(Ⅵ)($0.2\ g \cdot L^{-1}$)	0	0.5	1	2	4
		$NaHSO_4$($0.01\ mol \cdot L^{-1}$)	10	10	10	10	10
		$KBrO_3$($0.04\ mol \cdot L^{-1}$)	10	10	10	10	10
		H_2O	10	9.5	9	8	6
		淀粉(2%)	3 滴	3 滴	3 滴	3 滴	3 滴
	2 号杯	KI($0.01\ mol \cdot L^{-1}$)	10	10	10	10	10
		$Na_2S_2O_3$($0.001\ mol \cdot L^{-1}$)	10	10	10	10	10
Mo(Ⅵ)浓度/($mg \cdot L^{-1}$)							
时间 t/s							
$\frac{1}{t}/s^{-1}$							

用 Origin 软件以 $1/t(s^{-1})$ 对钼离子浓度 c[Mo(Ⅵ)]($mg \cdot L^{-1}$)作图，绘制钼工作曲线并求其线性回归方程。

3. 合成样中钼含量的测定

用移液管准确量取 1 mL 合成样于 1 号烧杯中，再向其中加入 10 mL $NaHSO_4$，10 mL $KBrO_3$ 和 9 mL 蒸馏水，并加入 3 滴淀粉溶液，置于搅拌器上，搅匀。量取 10 mL KI 和 10 mL $Na_2S_2O_3$ 于 2 号烧杯，摇匀。在搅拌下将 2 号烧杯溶液迅速倒入 1 号烧杯中，同时开启秒表。待溶液刚显蓝色时按停秒表，记录诱导时间 t。重复测定 1 次，将所测的 t 值分别代入钼线性回归方程中，求出合成样中钼含量，并求其平均值和测定的相对误差。

五、问题与讨论

(1)实验中，为什么必须控制反应温度？如何确定体系的适宜反应温度？

(2)诱导时间的测量误差主要由哪些因素引起？如何减小测量误差？

(3)该实验中，$Na_2S_2O_3$ 也称为诱导剂。硫脲、盐酸羟胺、抗坏血酸(即维生素 C)等也可将 I_2 还原为 I^-，它们能否替代 $Na_2S_2O_3$ 作为本实验的诱导剂？请自己设计实验方案进行实验探究。

六、采用 Origin 软件绘制钼工作曲线

1. Origin 软件简介

Origin 是美国 OriginLab 公司开发的图形可视化和数据分析软件，是科研人员和工程师常用的高级数据分析和制图工具。其简单易学、操作灵活、功能强大，既可以满足一般用户的制图需要，也可以满足高级用户数据分析、函数拟合的需要，是国际流行的分析软件之一。

Origin 具有数据分析和绘图等两大主要功能。Origin 的数据分析主要包括统计、信号处理、图像处理、峰值分析和曲线拟合等各种完善的数学分析功能。准备好数据后，进行数据分析时，只需选择所要分析的数据，然后再选择相应的菜单命令即可。Origin 的绘图是基于模板的，Origin 本身提供了几十种二维和三维绘图模板而且允许用户自己定制模板。绘图时，只要选择所需要的模板就行。用户可以自定义数学函数、图形样式和绘图模板，可以和各种数据库软件、办公软件、图像处理软件等方便地连接。

Origin 可以导入包括 ASCII，Excel，pClamp 在内的多种数据。另外，它可以把 Origin 图形输出到多种格式的图像文件，譬如 JPEG，GIF，EPS，TIFF，等等。使用 Origin 就像使用 Excel 和 Word 那样简单，只需点击鼠标，选择菜单命令就可以完成大部分工作，获得满意的结果。像 Excel 和 Word 一样，Origin 是个多文档界面应用程序。它将所有工作都保存在 Project(* . OPJ)文件中。

在化学实验数据处理中，手工作图虽然直接，但随意性较大，且误差大小也因人而异，处理起来很烦琐。同一组数据不同的操作者处理，得到的结果很可能是不同的；即使同一个操作者在不同时间处理，结果也不会完全一致。而计算机数据处理软件，如 Microsoft Excel 和 Origin 等的应用，提高了数据处理效率和准确性。

化学实验数据处理过程一般为：对实验数据作图或对数据经过计算后作图或作数据点的拟合线。Origin 软件具有强大的线性回归和曲线拟合功能，其中最具有代表性的是线性回归和非线性最小二次方拟合，提供了 20 多个曲线拟合的数学表达式，能满足科技工作中的曲线拟合要求。此外，Origin 软件还能方便地实现用户自定义拟合函数，以满足特殊要求，在化学实验数据处理过程中能简化数据处理难度。用 Origin 软件处理实验的数据，只要方法选择合适，得到的结果就会更为准确。

2. Origin 软件的一般用法

(1)数据作图。Origin 可绘制散点图、点线图、柱形图、条形图或饼图以及双 Y 轴图形等，在化学实验中通常使用散点图或点线图。

Origin 有如下基本功能：

1)输入数据并作图；

2)将数据计算后作图；

3)数据排序；

4)选择需要的数据范围作图；

5)数据点屏蔽。

(2)线性拟合。当绘出散点图或点线图后，选择 Analysis 菜单中的 Fit Linear 或 Tool 即可对图形进行线性拟合。结果记录中显示拟合直线的公式、斜率和截距的值及其误差，相关系数和标准偏差等数据。在线性拟合时，可屏蔽某些偏差较大的数据点，以降低拟合直线的偏差。

(3)非线性曲线拟合。Origin 提供了多种非线性曲线拟合方式：

1)在 Analysis 菜单中提供了如下拟合函数：多项式拟合、指数衰减拟合、指数增长拟合，S 形

拟合、Gaussian 拟合、Lorentzian 拟合和多峰拟合；在 Tool 菜单中提供了多项式拟合和 S 形拟合；

2)在 Analysis 菜单中的 Non－linear Curve Fit 选项提供了许多拟合函数的公式和图形；

3)Analysis 菜单中的 Non－linear Curve Fit 选项可让用户自定义函数。

在处理实验数据时，可根据数据图形的形状和趋势选择合适的函数和参数，以达到最佳拟合效果。多项式拟合适用于多种曲线，且方便易行，操作如下：

1)对数据作散点图或点线图；

2)选择 Analysis 菜单中的 Fit Polynomial 或 Tool 菜单中的 Polynomial Fit，打开多项式拟合对话框，设定多项式的级数、拟合曲线的点数、拟合曲线中 X 的范围；

3)点击“OK”或“Fit”即可完成多项式拟合。

下面简单说明如何用 Origin 8.0 软件绘制钼工作曲线：

1)鼠标左键双击桌面 Origin 8.0 图标

，打开 Origin 软件，出现工作界面(见图 5－7)。

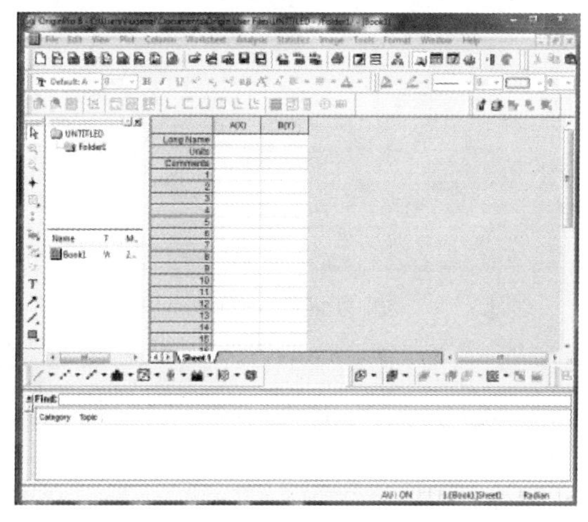

图 5－7　Origin 界面

2)将横坐标、纵坐标名称和单位以及某温度下的实验数据输入表中(见图 5－8)。

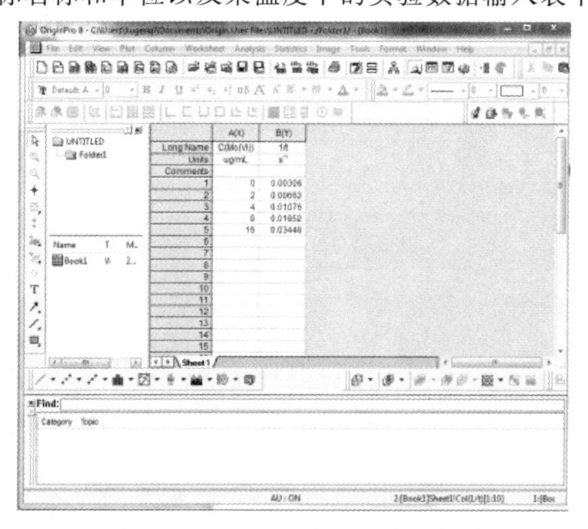

图 5－8　在 Origin 软件中输入数据

3)压住鼠标左键选定表中的实验数据,再用鼠标左键单击散点绘制图标(或在菜单栏中选择绘图菜单 Plot→Symbol→Scatter,鼠标左键单击 Scatter 即可)(见图 5-9),绘出散点图(见图 5-10)。

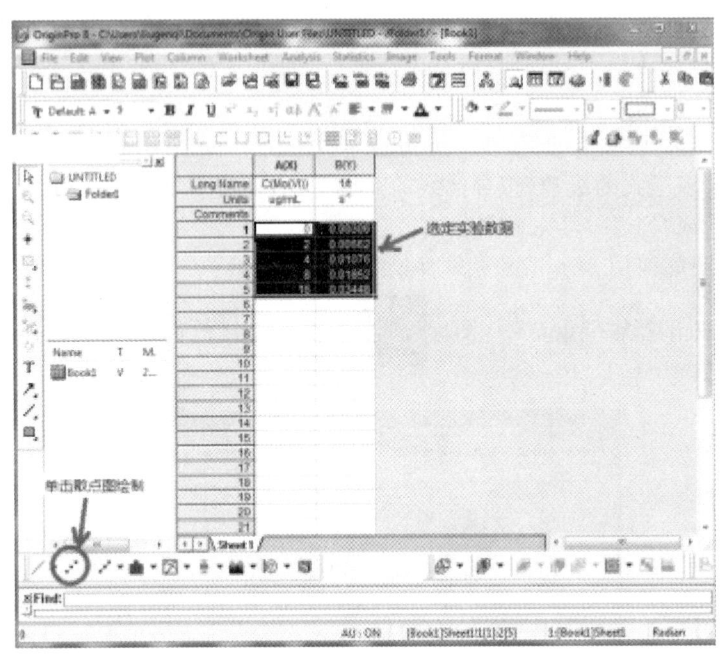

图 5-9　选中数据栏,进行散点图作图

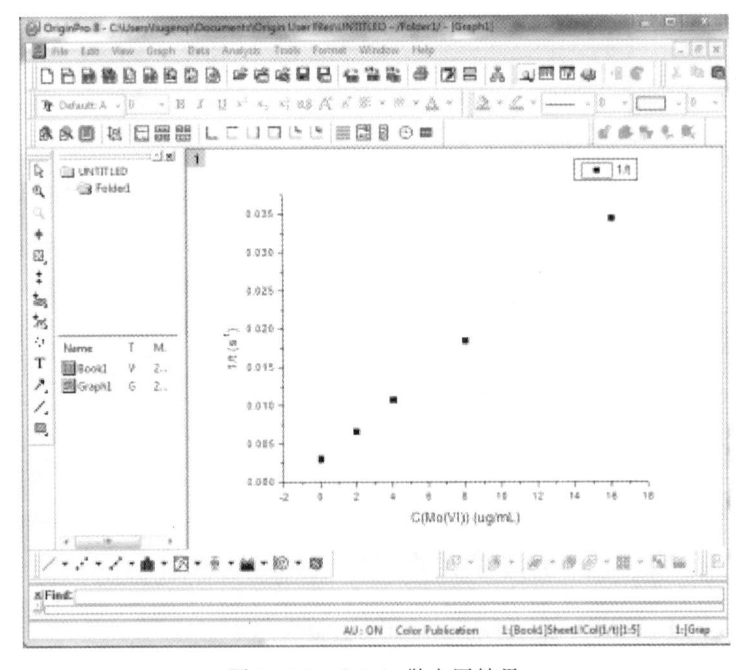

图 5-10　Origin 散点图结果

4)选择 Analysis 菜单中的 Fit Linear,弹出一个对话框,鼠标左键点击对话框最下面的选项即可对图形进行线性拟合(见图 5-11)。

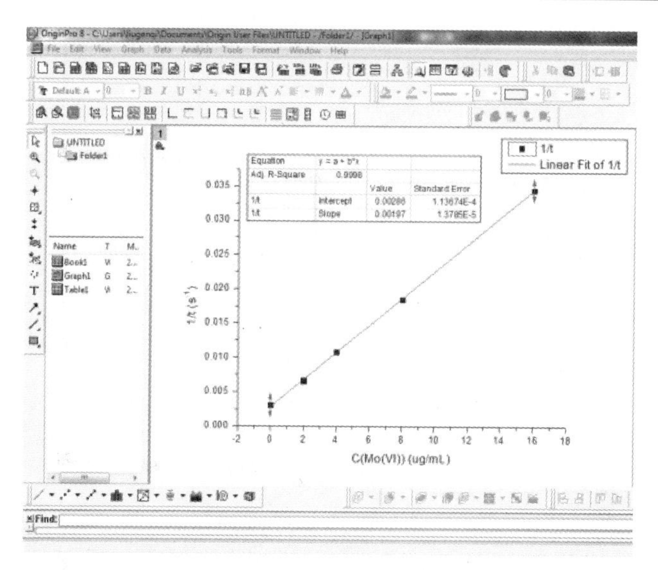

图 5－11　Origin 线性拟合结果

从图 5－11 中可以知道直线的线性回归方程和相关系数 r＝0.999 8。

5)保存文件至选定的文件夹中，并打印出来。

实验二十七　原子吸收光谱仪的智能仿真

一、实验目的

(1)熟悉智能仿真软件的使用。

(2)了解原子吸收光谱的基本原理及测试操作过程。

二、软件操作步骤

(1)点击原子吸收光谱仪图标，跳出“光盘介绍”及“帮助”，进入“主菜单”，如图 5－12 所示。

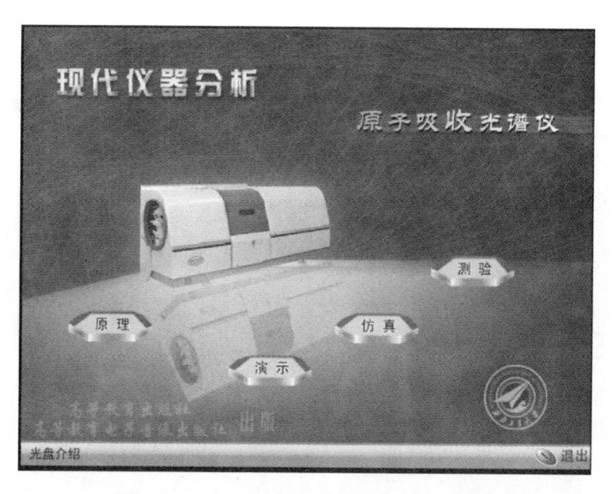

图 5－12　原子吸收光谱仪主菜单

(2)点击“原理”，自动播放原子吸收光谱仪的基本原理，如图 5－13 所示。

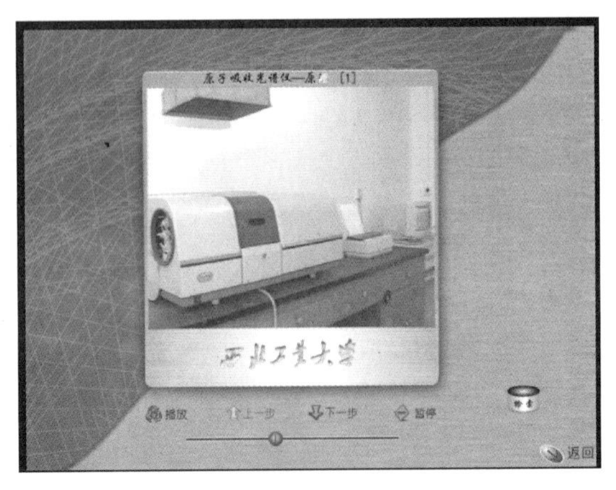

图 5-13　原子吸收光谱仪原理讲解

(3)点击“演示”，自动播放原子吸收光谱仪的操作演示，如图 5-14 所示。

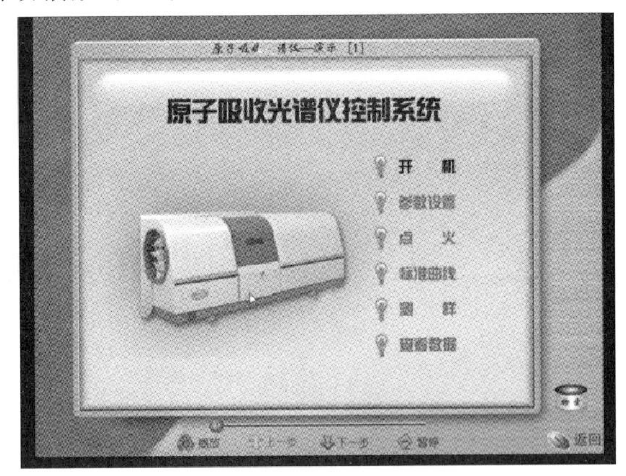

图 5-14　原子吸收光谱仪的操作演示

(4)点击“仿真”，进入“开机”，如图 5-15 所示；然后“选择燃气”：乙炔-空气、乙炔-一氧化二氮、氢气-空气等，不选择时，仪器以默认燃气乙炔-空气进入，如图 5-16 所示，点击“下一步”。

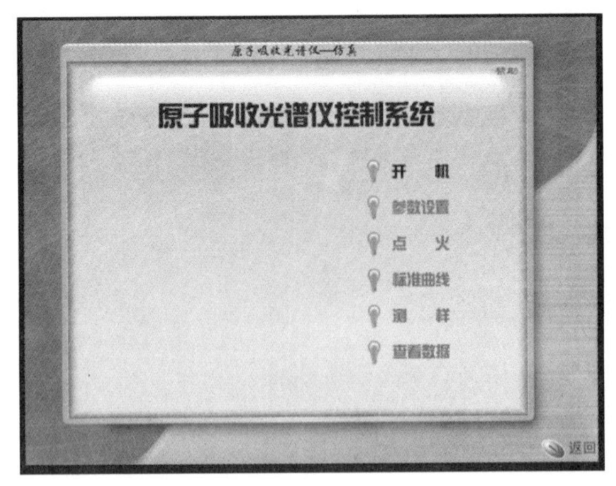

图 5-15　原子吸收光谱仪器控制系统

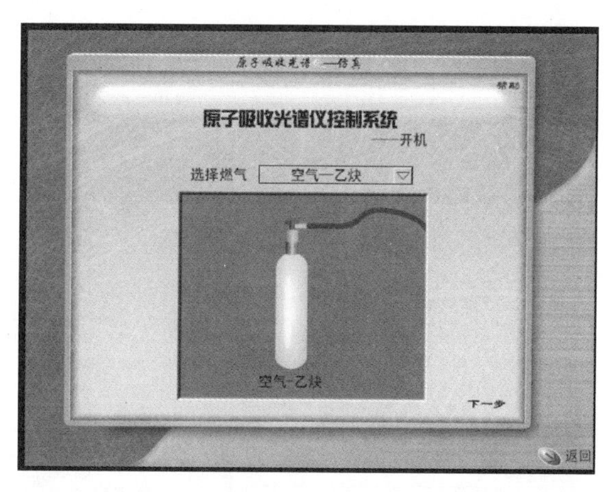

图 5-16　原子吸收光谱仪的燃气选择

(5)打开燃气瓶，开机进入系统，如图 5-17 所示。点击“返回”。

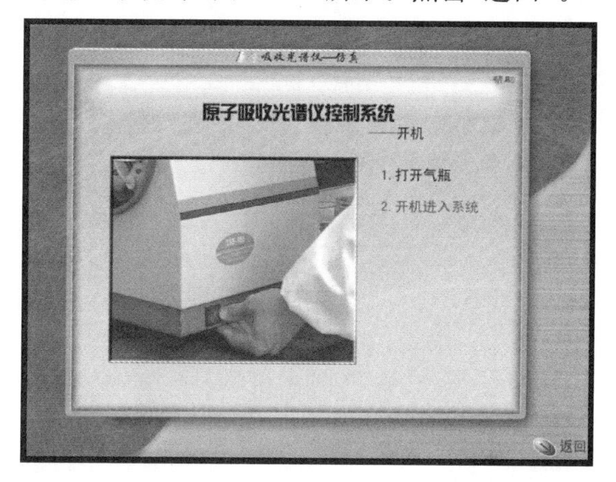

图 5-17　打开燃气瓶

(6)点击“参数设置”，在元素周期表中点击待选元素，显示元素名及共振吸收线波长，如图 5-18 所示。点击“元素波长表”另选共振吸收线波长，点击“下一步”。

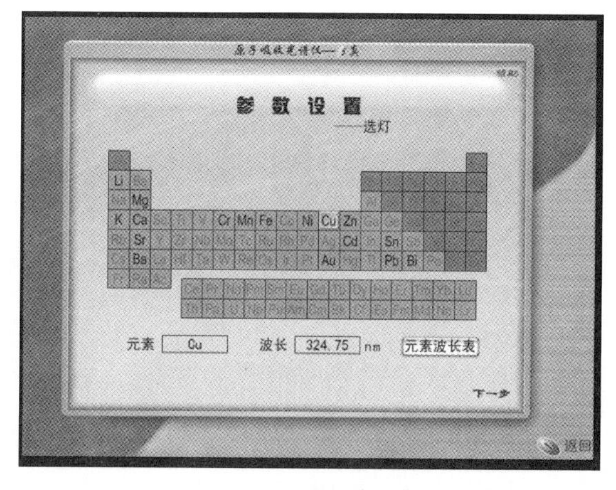

图 5-18　选择待测元素

(7)仪器旋转灯架选灯,如图 5-19 所示;点击“下一步”。若点击“上一步”,重新选元素及共振吸收线波长。

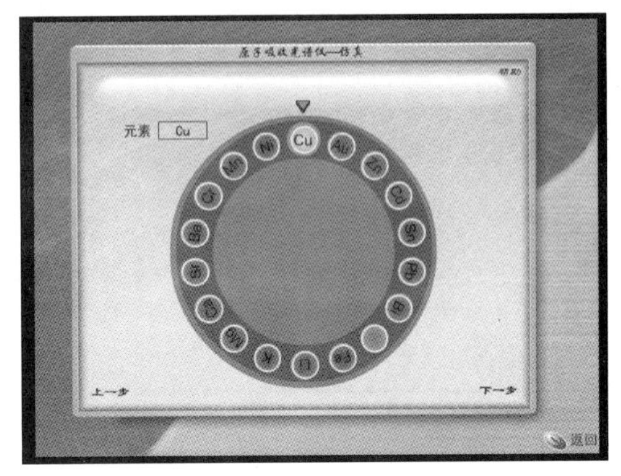

图 5-19 仪器旋转灯架选灯

(8)仪器参数设置:灯的名称、波长、采样次数、采样时间,如图 5-20 所示,点击“下一步”。

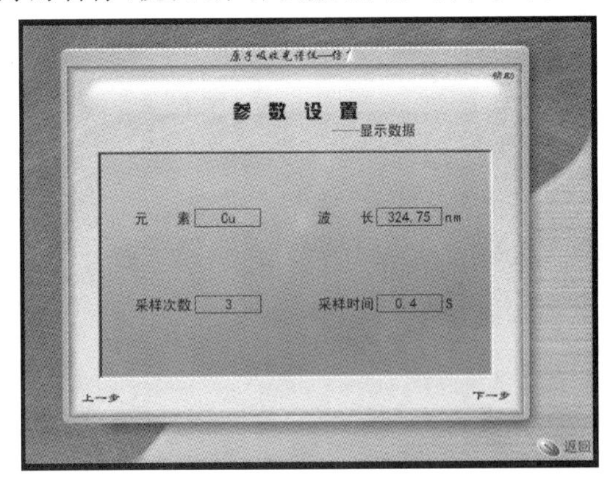

图 5-20 原子吸收光谱仪参数设置

(9)选择燃气流量为 0.9~1.4 L·min^{-1}、燃烧器高度为 7.0~10.0 mm、灯电流为 30%~70%、狭缝宽度为 0.2~0.5 nm,如图 5-21 所示,点击“下一步”。

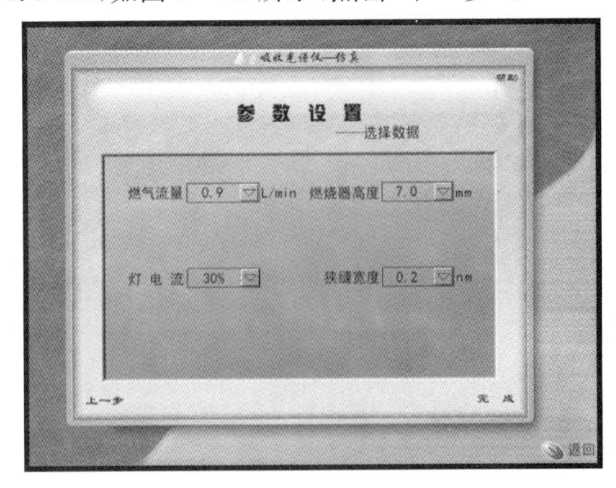

图 5-21 燃气流量和燃烧高度等参数设置

(10)点击“点火”,仪器自动点火,如图 5-22 所示,返回。

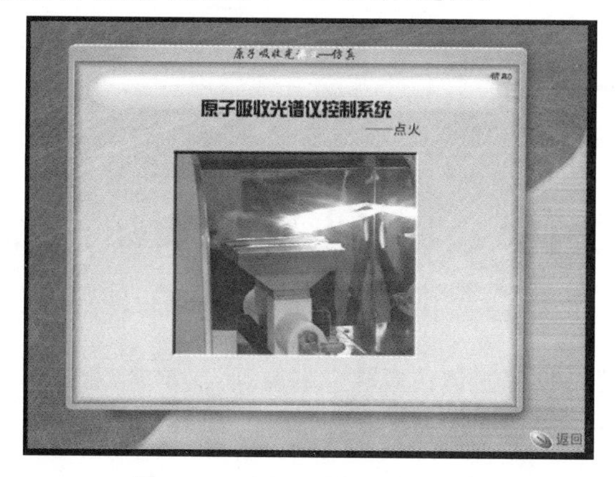

图 5-22　原子吸收光谱仪点火

(11)点击“标准曲线”,仪器自动绘制标准曲线,绘制完成,点击“查询”,可以逐点查询,点击“完成”,返回,如图 5-23 所示。

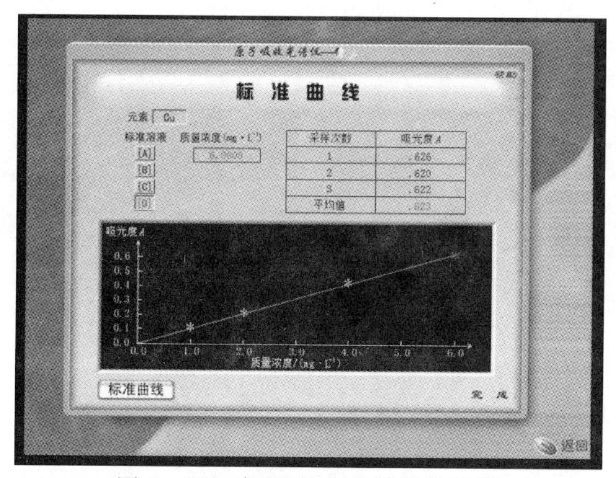

图 5-23　仪器自动绘制标准曲线

(12)点击“测样”,从标准曲线上查出待测元素的浓度,计算含量;点击“保存”,命名,如图 5-24 所示。点击“完成”,返回。

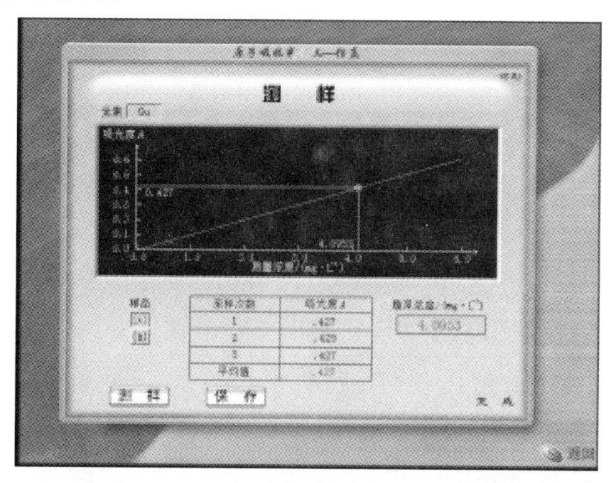

图 5-24　仪器进行测样,计算出元素含量

(13)点击图 5－15 中的“查看数据”，可以逐一查看“参数设置”“标准曲线”“测样”“元素”。点击“返回”。

(14)在图 5－12 中点击“测验”，通过测验，完成学习。

(15)退出。

实验二十八　原子发射光谱仪的智能仿真

一、实验目的

(1)了解原子发射光谱仪多媒体仿真软件的原理、演示、仿真操作。

(2)利用仿真软件熟悉发射光谱仪的操作。

二、软件操作步骤

1. 开机

打开计算机，放入光盘。打开光盘内容，进入主界面，如图 5－25 所示。主界面上显示原理、演示、仿真和测验四个按钮。可任意点击，无先后顺序。

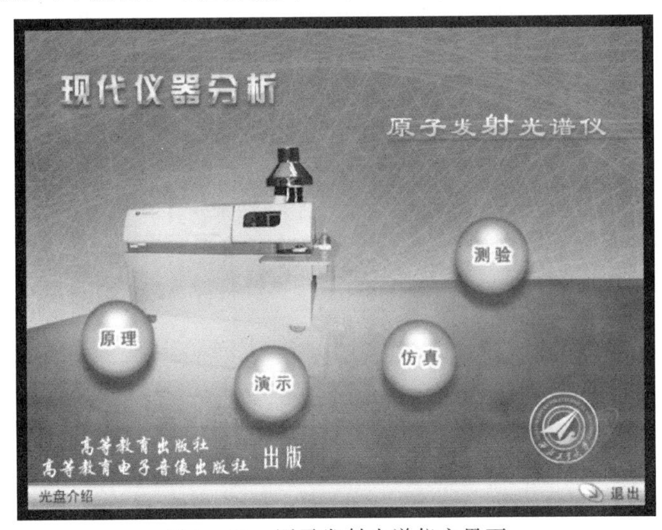

图 5－25　原子发射光谱仪主界面

2. 原理与演示

点击“原理”或“演示”，可观看该仪器的原理介绍和样品分析的仿真操作方法。播放完成后，点击“返回”，回到主界面。

3. 仿真操作

点击“仿真”，即可开始未知样品的仿真分析过程。

(1)仪器自动初始化，校正波长。“校正波长”按钮在初始化后被激活。点击该按钮，弹出对话框，如图 5－26 所示，确定后，开始自动校正过程。屏幕右侧提示自动校正中，并有“手动校正”按钮进行切换。具体操作过程请参看“演示”。所有元素波长校正完成后，自动进入控制系统界面。也可在确定波长已校正的情况下，点击“跳过”按钮，终止校正，进入控制系统。

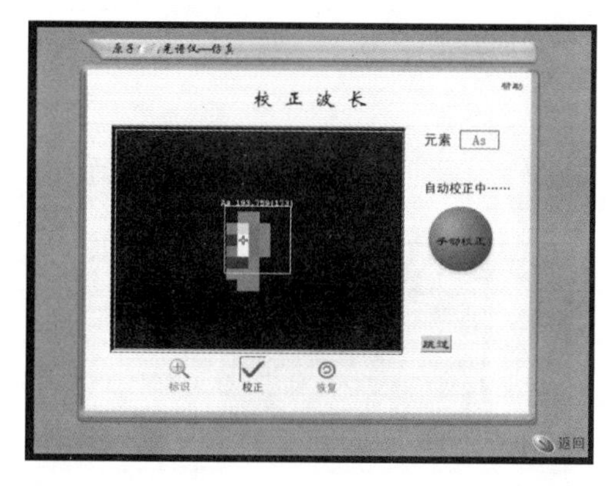

图 5-26 仪器校正波长

(2)定性分析。

1)在控制系统中有“定性分析”“定量分析”“打开文件”三个按钮，无选择顺序，如图 5-27 所示。点击“定性分析”，进入定性分析界面。

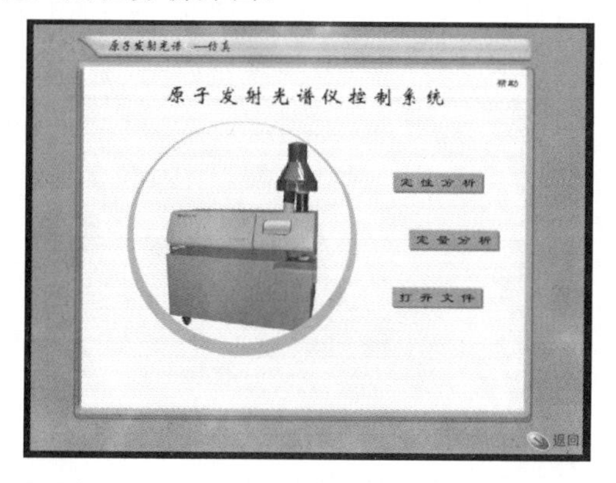

图 5-27 原子发射光谱仪控制系统界面

2)进样。输入样品名，点开下拉菜单，选择样品抽吸时间和最大整合时间，如图 5-28 所示。选中并点击盛有某一未知样品溶液的容量瓶，动画演示进样。

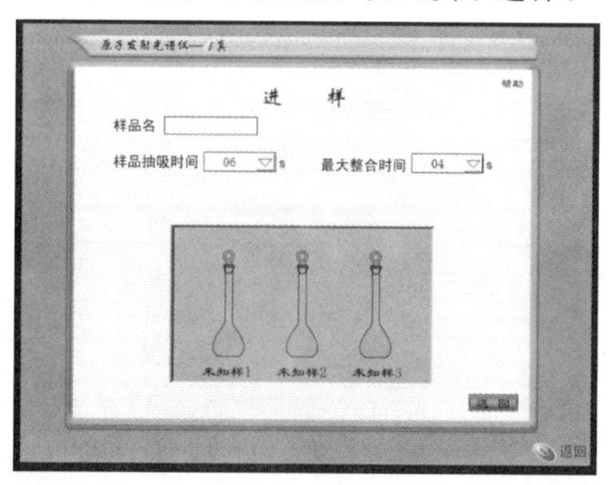

图 5-28 样品名称和参数设置

3)分析结果。进样结束后，自动显示出未知样品的全波长图，内有许多不同颜色的方块，在波长图外有相应颜色的方块闪烁，同时给出对应的定性结果，如图 5-29 所示。保存分析结果，自动返回定性分析“进样”界面，点击“返回”，回到控制系统。也可继续分析其他未知样品后，再返回控制系统。

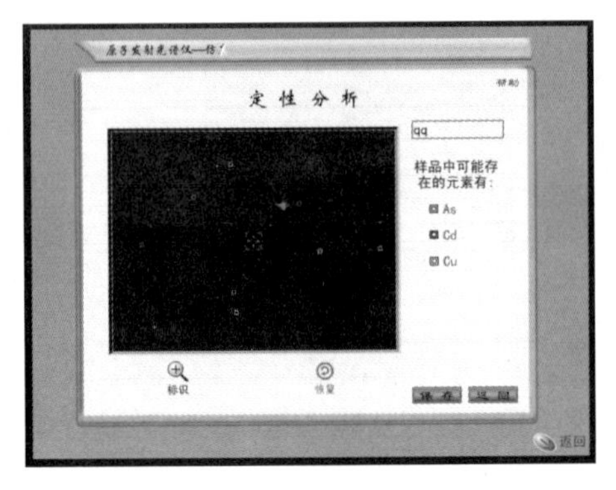

图 5－29　样品定性分析结果

(3)定量分析。

1)点击“定量分析”按钮，打开定量分析界面，如图 5－30 所示。该界面中的各项按钮必须按排列顺序依次点击，前一项完成后，后一项才可被激活。

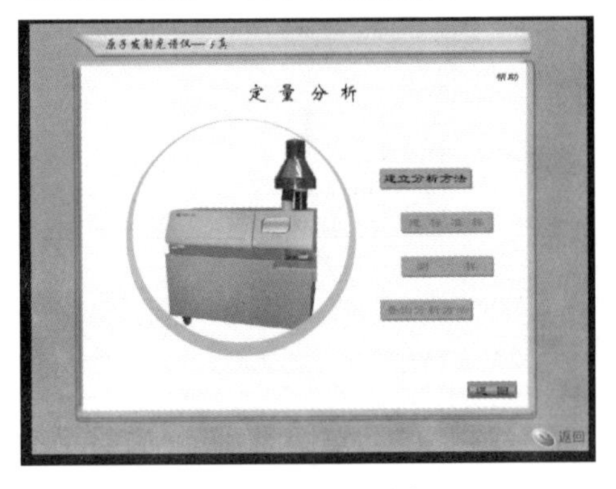

图 5－30　仪器定量分析界面

2)建立分析方法。点开该按钮，出现元素周期表，由于本软件以 10 种元素的分析为例，这 10 种元素在周期表中被设为黑色字体，可点击黑色字体元素，如图 5－31 所示。其余元素则为灰色字体，不可点击。选择某一待分析的元素，点击。

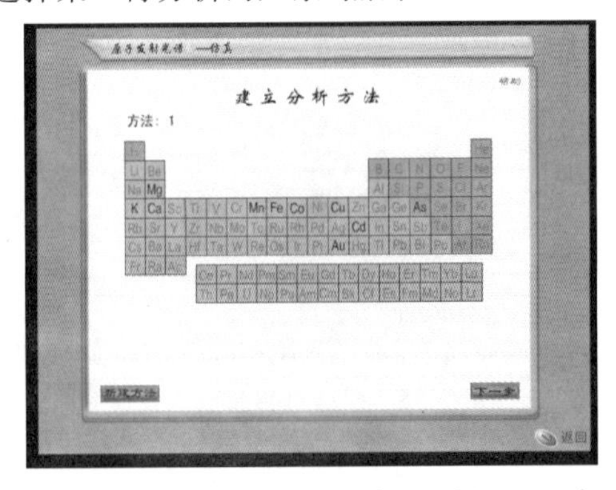

图 5－31　待测元素的选择

3)在屏幕左侧方框内显示被选元素常用于分析的灵敏线波长。由于数据采集和处理工作量庞大,不易进行所有波长的分析,所以在此仅设置前三个波长为可选波长,后面的波长虽设为不可点击,但分析方法与前三者完全相同。点击波长数据前的小方框,出现红色对钩,即选中了该波长。同时在屏幕右侧方框内显示与该波长有干扰的元素及谱线波长,按同样方法再选择其他波长,如图 5-32 所示。为了定量分析结果的准确,一般应至少选择两个波长。点击“确定”,返回元素周期表,按同样方法再进行其他元素和波长的选择。选择完成后,点击“下一步”。仪器将根据这些波长进行所选元素的定量分析。

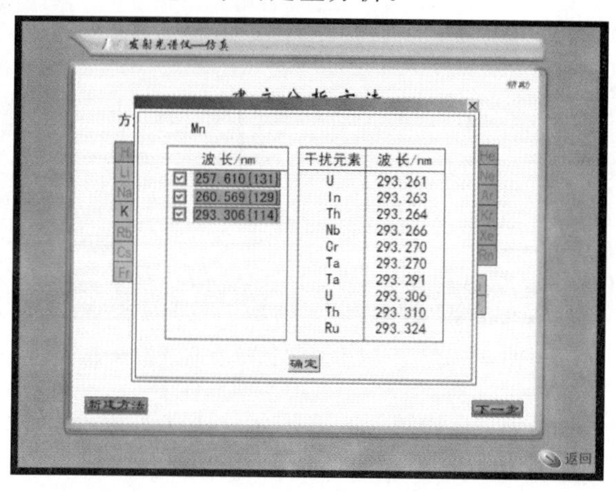

图 5-32　待测元素和分析波长的确定

4)显示所选元素、波长及该元素标准溶液的浓度,如图 5-33 所示。标准溶液浓度在此设为 10 ppm(1 ppm 为 10^{-6})和 40 ppm,空白为 0 ppm。点开“抽吸时间”下拉菜单,选择任意时间,分析方法就建立好了。点击“保存方法”,将所设置的方法保存。点击“完成”,返回定量分析界面。“进标准样”按钮被激活,点击。

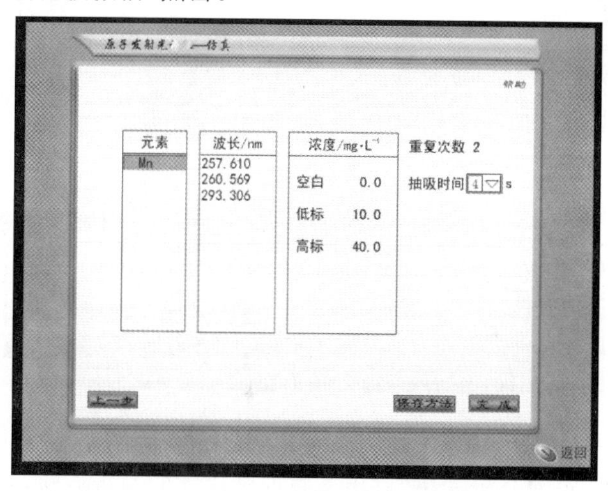

图 5-33　选择标准溶液浓度

5)动画显示进样过程,所配制标准溶液浓度依照分析方法中的设置,如图 5-34 所示。进样完成后,自动给出相关系数报告。报告中最左侧为分析方法中建立的几种元素波长,向右依次为每一波长所对应的标准曲线斜率、截距、相关系数。点击任意数据,则显示该数据所对应元素的符号、波长及该波长的标准曲线。点击“关闭”，返回报告，按同样方法继续查看其他标准曲线。点击“返回”，将回到定量分析界面。对线形关系不好的元素波长，可在“建立分析方法”或“查询分析方法”中进行修改，或重新建立分析方法，具体操作参看“演示”。

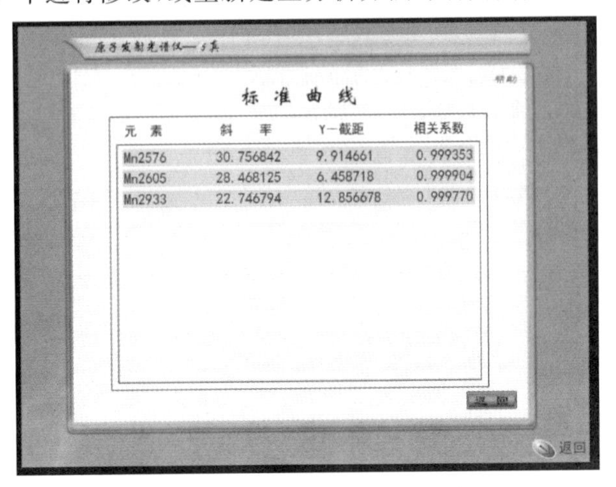

元素	斜率	Y—截距	相关系数
Mn2576	30.756842	9.914661	0.999353
Mn2605	28.468125	6.458718	0.999904
Mn2933	22.746794	12.856678	0.999770

图 5-34　不同检测波长标准曲线的参数

6)点击“测样”，进入测样界面，如图 5-35 所示。点击盛有待测元素溶液的容量瓶，开始进样。进样结束后，自动给出测样结果报告。点击任意数据，则显示该数据所对应的元素、波长及波长图。经“扣除背景”处理后，关闭波长图，返回结果报告，再依次查看其他数据。详细分析过程请参看“演示”。点击“保存”，测样结果被保存。定量分析过程完成。点击“返回”，回到定量分析界面。

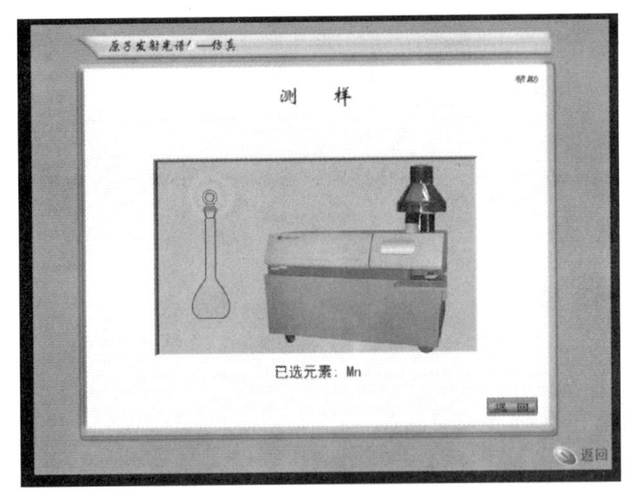

图 5-35　仪器进行测样

7)图 5-30 中的“查询分析方法”可用来查询已建立的分析方法，或修改不合适的方法。在该界面点击“返回”，将回到控制系统主菜单。主菜单中的“打开文件”可用来打开已保存的定性分析结果和定量分析结果。

(4)练习图 5-25 中的“测验”应安排在观看完原理、演示内容，并进行过仿真操作以后。这部分有 10 道题，并配有对错提示和标准答案。

实验二十九 乙酰丙酮铽的合成和光谱表征

一、实验目的

(1)制备一种稀土荧光材料,这种材料在日光下呈白色,在紫外光照射下可以发出绿色荧光。

(2)通过本实验使学生了解稀土荧光络合物的制备方法及其发光原理和发光特点。

(3)掌握制备乙酰丙酮铽的具体方法及各步骤操作的原因。

(4)学习用红外荧光光谱、紫外荧光光谱等谱学方法表征分析样品的结构和性能。

二、实验原理

镧系元素是一类具有 f 电子的元素,人们已利用稀土发展出多种性能优异的力、热、光、声、电磁功能材料,如高温超导材料、稀土永磁材料等。稀土的 f 电子赋予稀土元素丰富的电子能级结构,这就为人们用稀土元素发展各种发光材料创造了契机。稀土络合物发光材料是其中的一种。其发光机理是:当紫外光照射稀土络合物时,络合物中配体的共轭基团吸收光子而跃迁到单重态,再经系间穿越到达三重态,能量最终传给稀土离子,处于激发态的稀土离子通过 f—f 能级跃迁,从而发出荧光。这种稀土络合物发光涉及稀土的 4f 能级之间跃迁,而 4f 轨道被外层轨道屏蔽,受配体的配位场影响较小,谱带的大致位置不随配体的不同而发生变化。基于稀土的 f—f 能级跃迁所制备的发光材料具有谱带尖窄(半峰宽 10~20 m)、寿命长、发光效率高、特征性强等特点,因而受到人们的重视,并得到广泛应用。例如,人们根据稀土发光络合物特征性强的特点,已将其用于制造荧光防伪材料;由于稀土荧光络合物发光效率高,而且荧光寿命明显长于有机荧光物质,因而将其应用于免疫分析;人们亦将稀土荧光络合物加入农膜,将阳光的紫外光转化成为可被植物在光合作用中所有效利用的红光,从而使作物产量得以提高。近年来,有机电致发光器件研究中的突破性进展,使稀土荧光络合物可能在发展下一代大面积平板显示器方面起重要作用。

从稀土的 f 能级结构看,能够在可见区发光的稀土元素是铕、铽、镝、钐,其中得以广泛应用的是铕、铽。稀土络合物的发光性能好坏取决于配体的选择,因此,稀土络合物发光材料研究工作的一个重要方面是寻找合适的配体以制备发光性能优异的稀土络合物。经过人们长期不懈的努力,已成功地开展出一大批性能优异的配体,其中芳香羧酸类和 β-二酮类配体由于性能较为理想而得到广泛研究。本实验所用的乙酰丙酮属于 β-二酮类配体,它与铽能形成发光性能较好的络合物。在反应中,乙酰丙酮通过烯醇化,并脱去质子,使分子的氧原子带上负电荷,再与稀土离子发生络合配位,形成六元环结构,在反应体系中加入碱,中和掉反应中所产生的质子,使平衡右移,从而反应得以完成。

从机理上讲,本反应可以在水溶液中进行,以 NaOH 作为碱中和反应中所产生的氢离子。但是,由于稀土离子有和 OH^- 结合的强烈倾向,有可能形成由 OH^- 参与的稀土混配络合物。另外,水亦可能参与和稀土的络合配位作用,而 OH^- 的高频振动是造成稀土络合物荧光灭的重要原因。因此,在反应中应尽力避免上述副反应的发生。

本实验所采用的措施是用乙醇代替水作为溶剂,用三乙胺作为碱,由于三乙胺加入乙醇中将不会产生 OH^-,乙醇体系中水含量、OH^- 浓度大大下降,从而大大降低了 OH^-、水分子参与络合配位的可能性。而且,三乙胺中的 N 是软路易斯碱,与作为硬路易斯酸的稀土离子结合力不强，从而有效地避免了副反应的发生，上述措施有助于提高稀土络合物的发光性能。

三、仪器与试剂

仪器：电磁搅拌器、红外光谱仪、紫外-可见光谱仪、荧光光谱仪。

试剂：无水乙醇、三乙胺、乙酰丙酮、氯化铽。

四、实验内容

(1)将 1 mmol 氯化铽和 3 mmol 乙酰丙酮溶于 10 mL 乙醇中，将 3 mmol 三乙胺溶于 5 mL 乙醇中。在搅拌条件下，向氯化铽-乙酰丙酮的乙醇溶液中逐滴加入三乙胺的乙醇溶液，反应进行 0.5 h 后，产生大量白色沉淀。将沉淀过滤，用水洗涤，干燥，称重，计算产率。注意：三乙胺的量应严格控制。如过多，在水洗过程中可能产生副反应；如过少，则反应产物生成速度较慢。

(2)将所得的产品置于紫外灯下，观察现象。

(3)分别测试所得产品的红外光谱和紫外光谱，并与相应的乙酰丙酮的光谱作比较，讨论配体的结构、光谱变化。

(4)测试所得产品的荧光光谱，了解稀土荧光材料的发光光谱特征。

五、问题与讨论

(1)比较乙酰丙酮铽与乙酰丙酮的紫外吸收谱带，并解释所观察到的变化。

(2)总结乙酰丙酮铽与乙酰丙酮在红外光谱上的差异，并讨论光谱变化与分子结构之间的关系。

(3)指认乙酰丙酮铽的荧光发射光谱的各个荧光峰。查阅文献了解为什么稀土的荧光发射峰很尖窄。如在高分辨率的条件下观测稀土络合物的荧光发射谱的各个尖窄的荧光发射峰可以观测到谱带精细结构。请问所谓的光谱精细结构与络合物的什么结构特征有关？

(4)为了了解乙酸丙酮的化学性质，有人做了如下实验：将乙酰丙酮和氯化铬的水溶液混合，开始时水层呈绿色，pH 在 4～5 之间；搅拌 10 h 后，水层颜色变为紫红色，溶液的 pH 变为 1，请解释上述现象。

实验三十　三草酸合铁(Ⅲ)酸钾的组成及性质测定

一、实验目的

(1)学习合成三草酸合铁(Ⅲ)酸钾的方法，以及用 $KMnO_4$ 测定 $C_2O_4^{2-}$ 和 Fe^{2+} 的方法，了解配位反应与氧化反应的条件。

(2)了解三草酸根合铁(Ⅲ)酸钾的光化学性质。

(3)进一步掌握重结晶操作，综合训练无机合成及重量分析、滴定分析的基本操作，掌握确定化合物组成和化学式的原理、方法。

(4)理解制备过程中化学平衡原理的应用。

二、实验原理

三草酸合铁(Ⅲ)酸钾 $K_3[Fe(C_2O_4)_3]\cdot 3H_2O$ 是一种亮绿色单晶系斜晶体，易溶于水，难溶于有机溶剂。0℃和 100℃时，三草酸合铁(Ⅲ)酸钾在水中的溶解度分别为 4.7 g 和 117.7 g，三草酸合铁(Ⅲ)酸钾是一些很好的有机反应催化剂，也是制备负载型活性铁催化剂的主要原料，因而具有良好的工业生产价值。目前，制备该物质的方法很多，本实验利用自制的硫酸亚铁铵与草酸反应制备出草酸亚铁晶体，并用倾析法洗去杂质。然后在过量草酸根存在下，用过氧化氢氧化草酸亚铁即可制得三草酸合铁(Ⅲ)酸钾配合物。由于其难溶于有机溶剂中，加入乙醇后，从溶液中便可析出 $K_3[Fe(C_2O_4)_3]\cdot 3H_2O$ 晶体。利用 $K_3[Fe(C_2O_4)_3]\cdot 3H_2O$ 在0℃左右溶解度很小的特点，可进一步重结晶析出绿色的晶体。

该配合物极易感光，室温光照时变黄色，进行下列光化学反应：

$$2[Fe(C_2O_4)_3]^{3-} \xlongequal{h\nu} 2FeC_4O_4 + 3C_2O_4{}^{2-} + CO_2\uparrow$$

在氧气作用下，草酸亚铁会进一步被氧化，同时有氢氧化铁产生，因而三草酸合铁(Ⅲ)酸钾室温光照时变黄色。

$$12FeC_2O_4 + 6H_2O + 3O_2 + 12K_2C_2O_4 = 8K_3[Fe(C_2O_4)_3] + 4Fe(OH)_3\downarrow$$

草酸亚铁遇六氰合铁(Ⅲ)酸钾生成藤氏蓝，反应为

$$3FeC_2O_4 + 2K_3[Fe(CN)_6] = 3K_2C_2O_4 + Fe_3[Fe(CN)_6]_2\downarrow$$

因此，在实验室中可做成感光纸，进行感光实验。另外，由于它的光化学活性，能定量进行光化学反应，常作化学光量计。受热时，在110℃可失去结晶水，到230℃即分解。

该配合物的组成可用重量法和滴定分析方法确定。

(1)重量法分析结晶水含量。

将一定量的 $K_3[Fe(C_2O_4)_3]\cdot 3H_2O$ 晶体在110℃下干燥脱水后称量，便可计算结晶水的含量。

(2)草酸根在酸性介质中可被高锰酸钾定量氧化，反应方程式为

$$5C_2O_4{}^{2-} + 2MnO_4{}^{-} + 16H^+ = 10CO_2 + 2Mn^{2+} + 8H_2O$$

用已知准确浓度的 $KMnO_4$ 标准溶液滴定，由高锰酸钾溶液的消耗量便可计算 $C_2O_4{}^{2-}$ 的含量。

(3)铁的测定。先用过量的还原剂锌粉将 Fe^{3+} 还原成 Fe^{2+}，然后将剩余的锌粉过滤掉，用 $KMnO_4$ 标准溶液滴定，反应方程式为

$$Zn + 2Fe^{3+} = 2Fe^{2+} + Zn^{2+}$$

$$5Fe^{2+} + MnO_4{}^{-} + 8H^+ = 5Fe^{3+} + Mn^{2+} + 4H_2O$$

由消耗 $KMnO_4$ 的体积计算出铁含量。

(4)钾的测定。据配合物中铁、草酸根、结晶水的含量便可计算出钾的含量。由上述测定结果推断草酸合铁(Ⅲ)酸钾的化学式：

$$K^+ : C_2O_4{}^{2-} : H_2O : Fe^{3+} = K^+\%/39.1 : C_2O_4{}^{2-}\%/88.0 : H_2O\%/18.0 : Fe^{3+}\%/55.8$$

三、仪器、材料与试剂

仪器与材料：布氏漏斗、吸滤瓶、布氏漏斗、分析天平、烘箱、滤纸、台秤、50 mL 滴定管。

试剂：$K_2C_2O_4$(饱和溶液)、$KMnO_4$(0.02 mol·L^{-1})、$(NH_4)_2Fe(SO_4)_2\cdot 6H_2O$(自制)、$H_2SO_4$(3mol·$L^{-1}$)、$H_2C_2O_4$(饱和溶液)、$H_2O_2$(3%)、$K_3[Fe(CN)_6]$(3.5%)、乙醇(95%)、丙酮、锌粉。

四、实验内容

1. 制备三草酸合铁(Ⅲ)酸钾

称取 5 g $(NH_4)_2Fe(SO_4)_2\cdot 6H_2O$ 置于 200 mL 烧杯中，加入 15 mL 蒸馏水和 1 mL H_2SO_4 酸化，加热溶解，再加入 25 mL 的 $H_2C_2O_4$ 饱和溶液，继续加热至近沸，将此液静置，即

有大量黄色 FeC_2O_4 晶体析出，待沉淀析出后采用倾析法倒掉上层清液，在沉淀中加入 20 mL 去离子水，搅拌并温热，静置后，以布氏漏斗抽滤，得粗产品。

将粗产品溶于 10 mL 饱和 $K_2C_2O_4$ 的溶液，水浴加热至 40℃，用滴管缓慢滴加 10 mL 3% H_2O_2，不断搅拌，并将温度维持在 40℃左右，Fe^{2+} 被充分氧化为 Fe^{3+}，溶液变为棕红色即氢氧化铁沉淀产生，加完后，将溶液加热至近沸以除去过量的 H_2O_2（时间不宜过长，分解基本完全为止），稍冷，再逐滴加入 8 mL 饱和 $H_2C_2O_4$，使沉淀溶解，此时应加快搅拌，趁热过滤，在滤液中加入 10 mL 95%的乙醇，这时如果滤液混浊可微热使其变清，将滤液在暗处冷却，待结晶完全后，抽滤，并用少量乙醇洗涤晶体，取下晶体，用滤纸吸干，并在空气中干燥片刻，称重，计算产率。晶体置于干燥器内避光保存。

2. 结晶水的测定

准确称取 0.5～0.6 g 产物，放入已恒重的称量瓶中，置入烘箱中，在 110℃下烘干 1 h，在干燥器中冷至室温，称重。重复干燥、冷却、称重的操作，直至恒重。根据称量结果，计算结晶水的质量分数。

3. $C_2O_4^{2-}$ 含量的测定

精确称取 0.18～0.20 g 干燥晶体于 250 mL 锥形瓶中，加入 50 mL 水溶解，再加 12 mL 1∶5 的 H_2SO_4 溶液，加热至 70～80℃（不要高于 85℃），用 $KMnO_4$ 标准溶液滴定至浅红色，开始时反应很慢，故第 1 滴滴入后，待红色褪去后，再滴入第 2 滴，溶液红色消退后，由于+2 价锰的催化作用反应速度加快，但滴定仍需逐滴加入，直至溶液 30 s 不褪色为止，记下读数，计算结果。平行滴定两次。滴定完的溶液保留待用。

4. 铁的含量测定

向第 3 步中滴定完草酸根离子的保留溶液中加入过量的还原剂锌粉，直到黄色消失。加热溶液近沸，使 Fe^{3+} 还原为 Fe^{2+}，趁热过滤除去多余的锌粉。滤液用另一干净的锥形瓶盛放，洗涤锌粉，使洗涤液定量转移到滤液中，再用高锰酸钾标准溶液滴至粉红色且 30 s 内不变，记录消耗的高锰酸钾标准溶液的体积，计算出铁的质量分数。

由测得 $C_2O_4^{2-}$，H_2O，Fe^{3+} 的质量分数可计算出 K^+ 的质量分数，从而确定配合物的组成及化学式。

5. $K_3[Fe(C_2O_4)_3]\cdot 3H_2O$ 的性质

（1）将少量产品放在表面皿上，在日光下观察晶体颜色变化，并与放在暗处的晶体比较。

（2）制感光纸。按三草酸合铁（Ⅲ）酸钾 0.3 g、铁氰化钾 0.4 g、水 5 mL 的比例配成溶液，涂在纸上即成感光纸。附上图案，在日光直射下数秒钟，曝光后部分呈蓝色，被遮盖的部分就显影出图案来。

（3）配感光液。取 0.3～0.5 g 三草酸合铁（Ⅲ）酸钾，加去离子水 5 mL 配成溶液，用滤纸条做成感光纸。附上图案，在日光直射下几秒钟，曝光后去掉图案，用约 3.5% $K_3[Fe(CN)_6]$ 溶液润湿或漂洗即显影映出图案来。

五、思考题

（1）制备该化合物时加入 H_2O_2 后为什么要煮沸溶液？煮沸时间过长有何影响？

（2）在制备的最后一步能否用蒸干的办法来提高产率？为什么？

（3）最后加入乙醇的作用是什么？不加入产量会有所改变吗？

（4）影响三草酸合铁（Ⅲ）酸钾产率的主要因素有哪些？

实验三十一 含铬废水的处理

一、实验目的

(1)了解化学还原法处理含铬工业废水的原理和方法。

(2)学习用分光光度法或目视比色法测定和检验废水中铬的含量。

二、实验原理

铬是毒性较高的元素之一。铬污染主要来源于电镀、制革及印染等工业废水的排放。以$Cr_2O_7^{2-}$或CrO_4^{2-}形式的Cr(Ⅵ)和Cr^{3+}存在。由于Cr(Ⅵ)的毒性比Cr^{3+}大得多,还是一种致癌物质,因此,含铬废水处理的基本原则是先将Cr(Ⅵ)还原为Cr^{3+},然后将其除去。

对含铬废水处理的方法有离子交换法、电解法、化学还原法等。本实验采用铁氧体化学还原法。所谓铁氧体是指具有磁性的Fe_3O_4中的Fe^{2+},Fe^{3+}部分地被与其离子半径相近的其他+2价或+3价金属离子(如Cr^{3+},Mn^{2+}等)所取代而形成的以铁为主体的复合型氧化物,可用$M_xFe_{(3-x)}O_4$表示,以Cr^{3+}为例,可写成$Cr_xFe_{(3-x)}O_4$。

铁氧体法处理含铬废水的基本原理就是使废水中的$Cr_2O_7^{2-}$或CrO_4^{2-}在酸性条件下与过量还原剂$FeSO_4$作用生成Cr^{3+}和Fe^{3+},其反应为

$$Cr_2O_7^{2-} + 6Fe^{2+} + 14H^+ \rightarrow 2Cr^{3+} + 6Fe^{3+} + 7H_2O$$

$$HCrO_4^- + 3Fe^{2+} + 7H^+ \rightarrow Cr^{3+} + 3Fe^{3+} + 4H_2O$$

反应结束后加入适量碱液,调节溶液pH并适当控制温度,加少量H_2O_2或通入空气搅拌,将溶液中过量的Fe^{2+}部分氧化为Fe^{3+},得到比例适度的Cr^{3+},Fe^{2+}和Fe^{3+}并转化为沉淀:

$$Fe^{3+} + 3OH^- \rightarrow Fe(OH)_3\downarrow$$

$$Fe^{2+} + 2OH^- \rightarrow Fe(OH)_2\downarrow$$

$$Cr^{3+} + 3OH^- \rightarrow Cr(OH)_3\downarrow$$

当形成的$Fe(OH)_2$和$Fe(OH)_3$的量的比例为1∶2左右时,可生成类似于$Fe_3O_4 \cdot xH_2O$的磁性氧化物(铁氧体),其组成可写成$\overset{2+}{Fe}\overset{3+}{Fe_2}O_4 \cdot xH_2O$,其中部分$Fe^{3+}$可被$Cr^{3+}$取代形成$Fe^{3+}[Fe^{2+}Fe^{3+}_{(1-x)}Cr^{3+}_x]O_4$的复合氧化物,即使$Cr^{3+}$成为铁氧体的组成部分而沉淀下来。沉淀物经脱水等处理后,即可得到组成符合铁氧体组成的复合物。

铁氧体法处理含铬废水效果好,投资少,简单易行,沉渣量少且稳定。含铬铁氧体是一种磁性材料,可用于电子工业,既保护了环境,又利用了废物。

为检查废水处理的结果,常采用比色法分析水中的铬含量。其原理为:Cr(Ⅵ)在酸性介质中与二苯基碳酰二肼(见图5-36)反应生成紫红色配合物,该配合物溶于水,其溶液颜色对光的吸收程度与Cr(Ⅵ)的含量成正比。只要把样品溶液的颜色与标准系列的颜色比较(目视比较)或用分光光度计测出此溶液的吸光度,就能确定样品中Cr(Ⅵ)的含量。

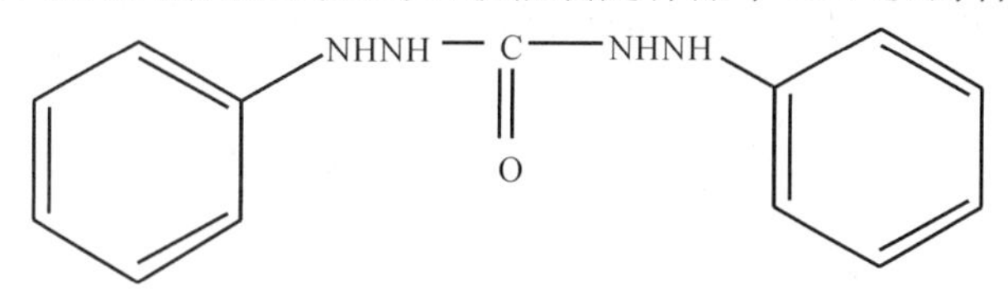

图5-36 二苯基碳酰二肼的结构式

如果水中有 Cr^{3+}，可在碱性条件下用 $KMnO_4$ 将 Cr^{3+} 氧化为 Cr(Ⅵ)，然后再测定。为防止溶液中 Fe^{2+}，Fe^{3+} 及 Hg_2^{2+}，Hg^{2+} 等的干扰，可加入适量的 H_3PO_4 消除。

三、仪器、材料与试剂

仪器与材料：分光光度计、比色管(25 mL)、比色管架、台式天平、酒精灯、三脚架、石棉铁丝网、碱式滴定管(25 mL)、酸式滴定管(25 mL)、容量瓶(50 mL)、量筒(10 mL，50 mL)、烧杯(250 mL、400 mL)、滤纸、磁铁、温度计(100℃)。

试剂：H_2SO_4(3 mol·L^{-1})、硫-磷混酸[15% H_2SO_4 + 15% H_3PO_4 + 70% H_2O(体积比)]、NaOH(6 mol·L^{-1})、NaOH(3%)、$FeSO_4 \cdot 7H_2O$(10%)、$K_2Cr_2O_7$ 标准溶液(10.0 mg·L^{-1})、$(NH_4)Fe(SO_4)_2$ 标准溶液(0.05 mol·L^{-1})、H_2O_2(3%)、二苯胺磺酸钠(1%)、二苯基碳酰二肼溶液(0.1%)、pH 试纸、含铬废水(可自配：1.6 g $K_2Cr_2O_7$ 溶于 1000 mL 自来水中)。

四、实验内容

1. 含铬废水中 Cr(Ⅵ)的测定

用移液管移取 25.00 mL 含铬废水于锥形瓶中，依次加入 10 mL H_2SO_4 - H_3PO_4 混酸和 30 mL 蒸馏水，滴加 4 滴二苯胺磺酸钠指示剂并摇匀。用标准 $(NH_4)_2Fe(SO_4)_2$ 溶液滴定至溶液刚由红色变为绿色为止，记录滴定剂耗用体积，平行测定两份，求出废水中 $Cr_2O_7^{2-}$ 的浓度。

2. 含铬废水的处理

(1)取 100 mL 含铬废水于 250 mL 烧杯中，在不断搅拌下滴加 3 mol·L^{-1} H_2SO_4 调整至 pH 约为 1，然后加入 10% 的 $FeSO_4$ 的溶液，直至溶液颜色由浅蓝色变为亮绿色为止。(为什么？)

(2)往烧杯中继续滴加 6 mol·L^{-1} NaOH 溶液，调节溶液 pH 为 8～9，然后将溶液加热至 70℃左右，在不断搅拌下滴加 6～10 滴 3% 的 H_2O_2，充分搅拌后冷却静置，使 Fe^{2+}，Fe^{3+}，Cr^{3+} 的氢氧化物沉淀沉降。

(3)用倾泻法将上层清液转入另一烧杯中作为处理后水质的检测用。沉淀用蒸馏水洗涤数次，以除去 Na^+，K^+，SO_4^{2-} 等离子，然后将其转移到蒸发皿中，用小火加热，并不时搅拌沉淀蒸发至干。待冷却后，将沉淀物均匀地摊在干净白纸上，另用纸将磁铁裹住，与沉淀物接触，检查沉淀物的磁性。

3. 处理后水质的检验

(1)配制 Cr(Ⅵ)溶液标准系列和制作工作曲线。用酸式滴定管分别准确放取 $K_2Cr_2O_7$ 标准溶液 0.00 mL，1.00 mL，2.00 mL，3.00 mL，4.00 mL，5.00 mL 分别注入 50 mL 容量瓶中并编号，用洗瓶冲洗瓶口内壁，加入 20 mL 蒸馏水，10 滴 H_2SO_4 - H_3PO_4 和 3 mL 0.1% 二苯基碳酰二肼溶液，最后用蒸馏水稀释至刻度摇匀(观察各溶液显色情况)，此时瓶中含 Cr(Ⅵ)量分别为 0.000 mg·L^{-1}，0.200 mg·L^{-1}，0.400 mg·L^{-1}，0.600 mg·L^{-1}，0.800 mg·L^{-1}，1.00 mg·L^{-1}。采用 1 cm 比色皿，在 540 nm 处，以空白(1 号)作参比，用 722 分光光度计测定各瓶溶液吸光度(A)，以 Cr(Ⅵ)含量为横坐标，A 为纵坐标作图，即得到工作曲线。

(2)处理后水中 Cr(Ⅵ)含量的检验。将本上述铬废水处理实验中的上层清液(若有悬浮物应过滤)取 10 mL 2 份于两个 50 mL 容量瓶中，加入 10 滴 H_2SO_4 - H_3PO_4 和 3 mL 0.1%

二苯基碳酰二肼溶液，最后用蒸馏水稀释至刻度、摇匀。

(3)测出处理后水样的吸光度值，从工作曲线上查出相应的Cr(Ⅵ)的浓度，然后求出处理后水中残留Cr(Ⅵ)的含量，确定是否达到国家工业废水的排放标准($< 0.5\ mg \cdot L^{-1}$)。

五、实验注意事项

(1)在含铬废水的处理实验中，pH的调整一定要控制好，否则将影响铁氧体的组成和Cr(Ⅵ)的还原。

(2)$K_2Cr_2O_7$标准溶液配制。将重铬酸钾在100～120℃的烘箱中干燥2 h，准确称取0.141 0 g，使溶于少量去离子水中，将溶液全部移入500 mL容量瓶内，用去离子水稀释到刻度，摇匀。然后将该溶液再稀释10倍(准确)。

(3)H_2O_2溶液最好是新配制的，并贮存于棕色瓶中。

(4)二苯基碳酰二肼溶液的配制。称取0.1 g二苯基碳酰二肼，加入50 mL 95%乙醇溶液。待溶解后，再加入200 mL 10%(体积)H_2SO_4溶液，摇匀。二苯基碳酰二肼不很稳定，见光容易变质，应贮存于棕色瓶中(不用时，置于冰箱)。该溶液应为无色。若溶液已显微红色，则不应再使用。因此该试剂最好随配随用。

实验三十二　TiO_2的制备及光降解测试(设计型实验)

一、实验目的

(1)了解制备纳米材料的常用方法，测定晶体结构的方法。

(2)了解X射线衍射仪的使用和高温电炉的使用。

(3)了解光催化剂的一种评价方法。

二、实验原理

1. 纳米二氧化钛的制备

纳米材料是指组成相或晶粒在任一堆上尺寸小于100 nm的材料。二氧化钛纳米粒子的制备方法有很多种，其中金属醇盐水解法较常见。基本原理为利用金属有机醇盐能溶于有机溶剂并可能水解生成氢氧化物或氧化物沉淀，来制备细粉料：

$$Ti(O-C_4H_9)_4 + 4H_2O \rightarrow Ti(OH)_4 + 4C_4H_9OH$$

$$Ti(OH)_4 + Ti(O-C_4H_9)_4 \rightarrow 2TiO_2 + 4C_4H_9OH$$

$$Ti(OH)_4 + Ti(OH)_4 \rightarrow 2TiO_2 + 4H_2O$$

此方法特点是粉体纯度高，可制备化学计量的复合金属氧化物粉末。然后二氧化钛粉经过一定温度热处理向锐钛矿结构转变，再升温可转变为金红石结构。TiO_2颗粒形貌和颗粒大小可以通过透射电镜(TEM)和扫描电子显微镜(SEM)观察。

2. 纳米二氧化钛结构表征

纳米二氧化钛的晶型对催化剂活性影响较大。常见的晶型有三种：锐钛矿、金红石和板钛矿。其中，锐钛矿具有较高的活性，而金红石晶化态较好，几乎没有催化活性。

3. 光降解率可用公式进行计算

$$X = (A_0 - A)/A_0 \times 100\%$$

式中，X为降解率；A_0和A分别为光降解前和降解后在某一波长下的吸光度。

三、仪器与试剂

仪器：高温电炉、红外烤箱、分光光度计、离心机、紫外灯、减压过滤装置、电子天平、坩埚、烧杯、容量瓶、样品瓶、磨口瓶、玻璃棒。

试剂：钛酸四丁酯、无水乙醇、去离子水、甲基橙。

四、实验内容

1. 纳米二氧化钛的制备

在一个 200 mL 的烧杯中加入 100 mL 去离子水，另取 500 mL 烧杯加入 200 mL 无水乙醇，10 mL 钛酸四丁酯，将两个烧杯溶液混合，观察钛酸四丁酯水解，形成白色 TiO_2 悬浮液。离心分离后，将 TiO_2 粉放入红外烤箱干燥 1 h 取出，分成 4 份，其中一份常温保存，另外三份分别在 100℃，300℃，500℃ 下热处理 1 h，冷却后使用。

2. 光催化性能的测试

(1)配置甲基橙溶液：称取一定量甲基橙，加水溶解，移入 200 mL 容量瓶，稀释定容，最终浓度为 $0.02\ g \cdot L^{-1}$。

(2)光催化活性测试。甲基橙溶液分 4 份，分别加入 0.05 g 不同温度煅烧的纳米二氧化钛粉体，将悬浊液放日光下照射，每隔 10 min 取一次样。把取出的悬浊液在离心机中分离，用 722 型分光光度计测其在 468 nm 处的吸光度，以吸光度 A 为纵坐标，时间 t 为横坐标，绘制 $A-t$ 曲线，计算光降解率。比较 3 种样品的光催化降效果。

(3)数据处理(见表 5－8)。

表 5－8　不同温度处理的吸光度、降解率

TiO_2 样品	吸光度			降解率/(%)	
	照射 0 min	照射 10 min	照射 20 min	照射 10 min	照射 20 min
空白					
100℃					
300℃					
500℃					

五、问题与讨论

(1)为什么取用和盛放钛酸四丁酯或其溶液的仪器需要严格干燥？

(2)将钛酸四丁酯溶于无水乙醇的目的是什么？

(3)如何设计实验评判自制纳米 TiO_2 催化剂的性能？

提示：①P25 是一种商品纳米 TiO_2 光催化剂，被普遍作为参照剂用于对比自制光催化剂的性能；②其他有机染料，如罗丹明 B 等也会在紫外光或可见光下发生不同程度的降解。

六、注意事项

(1)取用和盛放钛酸四丁酯溶液的量筒等仪器在使用后需尽快先用 5～8 mL 乙醇荡洗，再用水洗涤。

(2)减压过滤二氧化钛水合物沉淀时最好使用双层滤纸以防止滤纸破裂。

(3)光化学反应装置的使用应严格遵守仪器的操作流程，操作时需佩戴防紫外护目镜、手套等防护装备，取样期间需要关闭光化学反应装置。

(4)实验制备的纯 TiO_2 的 XRD 谱图可以与锐钛矿相(JCPDS 89－4921)和金红石相(CPDS 89－4920)的 TiO_2 标准图卡进行比对。

实验三十三　甘氨酸锌螯合物的合成与表征(设计型实验)

一、实验目的

(1)掌握氨基酸金属配合物的合成方法，巩固有关分离提纯方法。

(2)熟悉配合物的组成测定和结构表征方法。

二、实验原理

锌是人和动物必需的微量元素，它具有加速生长发育、改善味觉、调节机体免疫、防止感染和促进伤口愈合等功能，缺锌会产生多种疾病。补锌的药物有硫酸锌、甘草酸锌、乳酸锌、葡萄糖酸锌等。由于氨基酸所特有的生理功能，氨基酸与锌的螯合物可直接由肠道消化吸收，具有吸收快、利用率高等优点，还具有双重营养性和治疗作用，是一种理想的补锌制剂。甘氨酸锌为白色针状晶体，熔点为 282～284℃，易溶于水，不溶于醇、醚等有机溶剂，水溶液呈微碱性。其合成方法有多种，本实验以甘氨酸和碱式碳酸锌为原料，固液相反应法合成甘氨酸锌螯合物，通过元素分析、IR 等方法进行组成和结构表征。

三、仪器与试剂

仪器：抽滤瓶、布氏漏斗、烧杯、蒸发皿、量筒、台秤、水浴锅、恒温磁力搅拌器、元素分析仪、红外光谱仪。

试剂：甘氨酸、碱式碳酸锌、乙醇。

四、实验内容

1. 甘氨酸锌的制备

将 6.0 g(80 mmol)甘氨酸溶于 100 mL 水中，加入 6.3 g(28 mmol)碱式碳酸锌，95℃下加热搅拌反应 4 h，趁热过滤，滤液于沸水浴上缓慢加热浓缩至晶膜出现，冷却，析出大量白色晶体，抽滤，用乙醇洗涤，晶体于 P_2O_5 干燥器中干燥，得产品甘氨酸锌，称重，并计算产率。

2. 甘氨酸锌的表征

将样品于 500℃灰化后用 EDTA 配位滴定法测定螯合物中锌的含量，C，H，N 含量用元素分析仪测定。根据元素分析结果，推断配合物的组成。用 KBr 压片法测定甘氨酸锌在 400～4000 cm^{-1} 的红外光谱。测定该配合物的 X 射线粉末衍射图谱，并进行物相分析。

五、思考题

(1)本实验中，甘氨酸和碱式碳酸锌何者过量比较好？为什么？

(2)在计算甘氨酸锌产率时，是根据甘氨酸的用量还是碱式碳酸锌的用量？影响甘氨酸锌产率的因素主要有哪些？

(3)如何根据元素分析及其他表征结果推断甘氨酸锌的组成和结构？是否还有其他方法推断甘氨酸锌的组成？

实验三十四　日常食品的质量检测(设计型实验)

一、实验目的

(1)了解葡萄糖含量的测定。

(2)了解掺假牛奶、蜂蜜的鉴别方法。

(3)了解一些食品中有害元素的鉴定。

二、实验原理

1. 葡萄糖含量的测定

次碘酸钠(NaIO)可定量地把葡萄糖($C_6H_{12}O_6$)氧化为葡萄糖酸($C_6H_{12}O_7$)。在酸性条件下,过量的次碘酸钠会变成单质碘(I_2)而析出。因此,只要用硫代硫酸钠($Na_2S_2O_3$)标准溶液滴定析出的碘,就可计算出葡萄糖的含量。次碘酸钠可用碘与氢氧化钠作用生成。其主要反应为

$$I_2 + C_6H_{12}O_6 + 2NaOH = C_6H_{12}O_7 + 2NaI + H_2O$$

$$3NaIO = NaIO_3 + 2NaI$$

$$NaIO_3 + 5NaI + 6HCl = 3I_2 + 6NaCl + 3H2O$$

$$I_2 + 2Na_2S_2O_3 = Na_2S_4O_6 + 2NaI$$

2. 牛奶中掺豆浆的检查

牛奶是一种营养丰富、老少皆宜的食品。正常牛奶为白色或浅黄色均匀胶状液体,无沉淀、无凝块、无杂质,具有轻微的甜味和香味,其成分见表 5-9。

表 5-9　牛奶成分

成分	水	脂肪	蛋白质	酪蛋白	乳糖	白蛋白	灰分
含量/(%)	87.35	3.75	3.40	3.00	4.75	0.40	0.75

如果在牛奶中掺入了豆浆,尽管此时牛奶的密度、蛋白质含量变化不大,可能仍在正常范围内,但由于含约 25%碳水化合物(主要是棉籽糖、水苏糖、蔗糖、阿拉伯半乳聚糖等),它们遇碘后显乌绿色,所以利用这种变化可定性地检查牛奶中是否掺有豆浆。

3. 掺蔗糖蜂蜜的鉴定

蜂蜜是人们喜爱的营养保健食品,正常蜂蜜的密度为 1.401～1.433kg·L^{-1},主要成分中葡萄糖和果糖为 65%～81%,蔗糖约为 8%,水为 16%～25%,糊精、非糖物质、矿物质和有机酸等约为 5%。此外,还含有少量酵素、芳香物质、维生素及花粉粒等。因所采花粉不同,其成分也有一定差异。

人为地在蜂蜜中掺入价廉熬成糖浆的蔗糖,外观上也会出现一些变化。一般这种掺糖蜂蜜色泽比较鲜艳,大多呈浅黄色,味淡,回味短,且糖浆味较浓。用化学方法可鉴别蜂蜜是否掺蔗糖,方法是取样品加水搅拌,如果有混浊或沉淀再加 $AgNO_3$(1%),若有絮状物产生,即为掺蔗糖蜂蜜。

4. 亚硝酸钠与食盐的区别

亚硝酸钠是一种白色或浅黄色晶体或粉末,有咸味,很像食盐,如果用亚硝酸钠当食盐使

用制作腌腊食品和卤食品是十分有害的。如果误食 0.3～0.5 g 亚硝酸钠就会中毒，食后 10 min 就会出现明显的中毒症状：呕吐、腹痛、紫绀、呼吸困难，甚至抽搐、昏迷，严重时还会危及生命。亚硝酸钠不仅有毒，而且还是致癌物，对人体健康危害很大。利用 $NaNO_2$ 在酸性条件下氧化 KI 生成单质碘的反应为

$$2NaNO_2 + 2KI + 2H_2SO_4 = 2NO + I_2\downarrow + K_2SO_4 + Na_2SO_4 + 2H_2O$$

单质碘遇淀粉显蓝色，就可以把亚硝酸钠与食盐区别开。

5. 油条中微量铝的鉴定

油条是大多数人经常食用的大众化食品。为了使油条松脆可口，揉制油条面剂时，每 500 g 面粉约需加入 10 g 明矾[$KAl(SO_4)_2 \cdot 12H_2O$]和若干苏打 Na_2CO_3，在高温油炸过程中，明矾和苏打发生以下反应：

$$Al^{3+} + 3H_2O = Al(OH)_3 + 3H^+$$

$$2H^+ + CO_3{}^{2-} = H_2O + CO_2\uparrow$$

由于 CO_2 大量产生，油条面剂体积迅速膨胀，并在表面形成一层松脆的皮膜，非常好吃。

但是，近年来医学界研究发现，吃进入体内的铝对健康危害很大，能引起痴呆、骨痛、贫血、甲状腺功能降低、胃液分泌减少等多种疾病。摄入过量的铝还会影响人体对磷的吸收和能量代谢，降低生物酶的活性，而且铝不仅能引起神经细胞的死亡，还能损害心脏。当铝进入人体后，可形成牢固的、难以消化的配位化合物，使其毒性增加。因此，人们要警惕从油饼食物中摄入过量的铝。

取小块油饼切碎后经灼烧成灰，用 6 $mol \cdot L^{-1}$ HNO_3 浸取，浸取液加巯基乙酸溶液，混匀后，加铝试剂缓冲液，加热观察到特征的红色溶液生成，样品中即含有铝。

6. 皮蛋中铅的鉴定

皮蛋是一种具有特殊风味的食品，但往往受铅的污染。而铅及其化合物具有较大毒性，在人体内还有积累作用，会引起慢性中毒。

在一定条件下，铅离子能与双硫腙形成一种红色化合物：

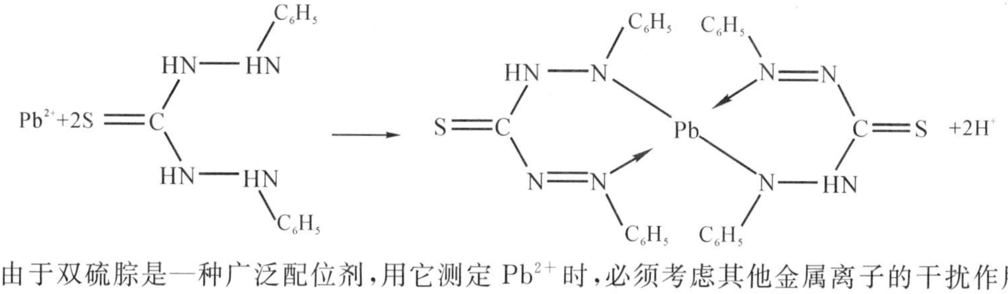

$$Pb^{2+} + 2S{=}C\begin{matrix}HN{-}HN{-}C_6H_5\\ HN{-}HN{-}C_6H_5\end{matrix} \longrightarrow S{=}C\begin{matrix}HN{-}N(C_6H_5)\\ N{=}N(C_6H_5)\end{matrix}Pb\begin{matrix}(C_6H_5)N{=}N\\ (C_6H_5)N{-}HN\end{matrix}C{=}S + 2H^+$$

由于双硫腙是一种广泛配位剂，用它测定 Pb^{2+} 时，必须考虑其他金属离子的干扰作用，通过控制溶液的酸度和加入掩蔽剂可加以消除。用氨水调节试液 pH 到 9 左右，此时 Pb^{2+} 与双硫腙形成红色配合物；加盐酸经胺还原 Fe^{3+}，并用柠檬酸胺掩蔽 Fe^{2+}，Sn^{2+}，Cd^{2+}，Cu^{2+} 等，用 $CHCl_3$ 萃取后，铅的双硫腙配合物萃取入 $CHCl_3$ 中，干扰离子则留在水溶液中。

三、仪器与试剂

仪器：容量瓶(100 mL)、移液管(1 mL、25 mL)、酸式滴定管、锥形瓶、试管、坩埚、电炉、高温电炉(马弗炉)、恒温水浴槽、组织捣碎机、蒸发皿、烘箱、布氏漏斗、抽滤瓶、研钵、40 目筛、锥形瓶(50 mL)、酒精灯、H_2S 发生器。

试剂：正常牛奶、掺豆浆牛奶、掺蔗糖蜂蜜、加明矾的油条和松花蛋、HCl(2 $mol \cdot L^{-1}$)、

$NaOH$(0.2 mol·L^{-1})、食盐水(20%)、$Na_2S_2O_3$(0.05 mol·L^{-1})、碘水(0.05 mol·L^{-1})、淀粉溶液(0.5%)、H_2SO_4(2 mol·L^{-1}、浓)、HNO_3(1 mol·L^{-1},6 mol·L^{-1})、HCl(1 mol·L^{-1},6 mol·L^{-1})、$AgNO_3$(1%)、巯基乙酸(0.8%)、KI(0.1 mol·L^{-1})、$Pb(Ac)_2$(0.1 mol·L^{-1})、$K_2Cr_2O_7$(0.02 mol·L^{-1})、H_2O_2(30%)、柠檬酸铵(20%)、盐酸羟胺(20%)、双硫腙($CHCl_3$溶液,0.002%)、$K_2S_2O_8$(2%)、KSCN(20%)、氨水(15%)、$Na_2S_2O_3$(25%)、KOH(10 mol·L^{-1})、铝试剂、铅白[$2PbCO_3 \cdot Pb(OH)_2$]、$CHCl_3$、碘酒、75%酒精、缓冲溶液(pH=4.74)、H_2S溶液(饱和)、NaCl、$NaNO_2$、$KMnO_4$、碘、Na_2SO_3、漂白粉。

四、实验内容

1. 葡萄糖含量的测定

量取1.0 mL的5%葡萄糖注射液于100 mL容量瓶并用去离子水稀释到刻度,摇匀后移取25.0 mL于锥形瓶中,准确加入现标定的I_2标准溶液25.0 mL,然后慢慢滴加0.02 mol·L^{-1} NaOH,边加边摇,直至溶液呈淡黄色(注意:加碱的速度不能太快,否则生成的NaIO来不及氧化葡萄糖而使测定结果偏低)。用表面皿盖好锥形瓶放置10~15 min,然后加HCl使呈酸性,立即用$Na_2S_2O_3$标准溶液滴定,呈浅黄色时加入2 mL淀粉溶液,继续滴定至溶液蓝色刚好消失即为终点,记录读数并计算葡萄糖含量。

$$C_6H_{12}O_6(\%)(W/V)=\frac{(2c_{I_2}V_{I_2}-c_{Na_2S_2O_3}V_{Na_2S_2O_3})M_{C_6H_{12}O_6}}{2000\times25.0}\times100\%$$

2. 牛奶中掺豆浆的检查

取两支试管分别加入正常牛奶和掺豆浆牛奶各2 mL,再加入2~3滴碘水,混匀后观察两支试管中颜色的不同变化。正常牛奶显橙黄色,而掺豆浆牛奶则显乌绿色。

3. 掺蔗糖蜂蜜的鉴定

在一支试管中加入掺糖蜂蜜样品约1 mL,再加水约4 mL,振荡搅拌,如有混浊或沉淀,再滴加2滴1% $AgNO_3$,若有絮状物产生就证明此蜂蜜中掺有蔗糖。

4. 亚硝酸钠与食盐的鉴别

取两支试管分别加入少量$NaNO_2$固体和NaCl固体,再加入2 mol·L^{-1} H_2SO_4和0.1 mol·L^{-1} KI,观察两支试管中不同的实验现象,再用新配制的淀粉溶液鉴别。

5. 油条中微量铝的鉴定

取一小块油条切碎放入坩埚内,在电炉上低温炭化,待浓烟散尽,放入高温炉(炉温约500℃)中灰化,到坩埚内物质呈白色灰状时,停止加热。冷却后加入约2 mL 6 mol·L^{-1} HNO_3,在水浴上加热蒸发至干,把所得产物加水溶解。用一支试管取约2 mL所得溶液,加5滴0.8%巯基乙酸溶液,摇匀后,加约1 mL铝试剂(玫红三羧酸铵)缓冲溶液,再摇匀,并放入热水浴中加热。若观察到生成红色溶液,即证明样品中含有铝。

6. 皮蛋中铅的鉴定

取一个松花蛋剥去蛋壳后,放入高速组织捣碎机中,按2∶1的蛋水比加水,捣成匀浆。把所有匀浆倒入蒸发皿中,先在水浴上蒸发至干,然后放在电炉上小心炭化至无烟后,移入高温炉内,在约550℃灰化至呈白色灰烬。取出冷却后,加1∶1 HNO_3溶解所得灰分。

取所得样品溶液约2 mL,加入2 mL 1% HNO_3、2 mL 20%柠檬酸铵和1 mL 20%盐酸羟胺,用1∶1氨水调节溶液pH≈9,再加入5 mL双硫腙溶液,剧烈摇动约1 min,静置分层后,观察有机溶剂($CHCl_3$)层中红色配合物的生成。

五、思考题

(1)碘量法测定葡萄糖含量的主要误差有哪些？应怎样避免？

(2)正常牛奶与掺豆浆牛奶的主要差别是什么？如何鉴别？

(3)如何区别正常蜂蜜与掺糖蜂蜜？

(4)认识亚硝酸钠当食盐使用的危害，利用它们哪些不同的化学性质加以区别？

(5)指出铝对人体健康的危害，如何鉴定食品中含有铝？

(6)用什么方法鉴定食物中少量有害元素铅的存在？

实验三十五　锌基合金中铜、锌的测定(设计型实验)

一、实验目的

(1)掌握合金的溶样方法。

(2)学会使用掩蔽剂，提高络合测定方法的选择性。

二、实验原理

试样用 HCl - HNO_3 溶解，控制 pH=5～6(用六次甲基四胺为缓冲剂)，以 XO 作指示剂，用 EDTA 滴定。Zn^{2+}，Al^{3+} 对 XO 有封闭作用，且在此条件下也能与 EDTA 络合，因此需加入 F^-，使 Al^{3+} 生成稳定的 $AlF_6{}^{3-}$ 而被掩蔽。Cu^{2+} 也可能同时被滴定，可用硫脲掩蔽。另取一份不加硫脲，可测得铜锌总量，由此计算铜的含量。

三、仪器与试剂

仪器：烧杯、容量瓶、锥形瓶。

试剂：盐酸溶液(1∶1体积比稀释)、HNO_3 溶液(1∶1体积比稀释)、二甲酚橙(XO，2 g·L^{-1})、EDTA(0.01 mol·L^{-1})、硫脲溶液(饱和)、Zn^{2+} 标准溶液(0.01 mol·L^{-1})、六次甲基四胺溶液(200 g·L^{-1})、NH_4F。

四、实验内容

1.锌基合金中锌的测定

准确称取试样 0.25 g 置于 250 mL 烧杯中，加入 HCl 5 mL 和 HNO_3 3 mL，温热溶解，煮沸以除去氮的氧化物，然后将溶液冷却，转入 250 mL 容量瓶中，用水稀释至刻度，摇匀。

平行移取 3 份上述试液 25.00 mL，分别置于 250 mL 锥形瓶中，加入饱和硫脲 5 mL，NH_4F 1 g，水 20 mL，滴加 0.2% 二甲酚橙指示剂 2～3 滴，用 20%六次甲基四胺溶液中和至溶液呈现紫红色，并过量 3 mL，用 0.01 mol·L^{-1} EDTA 标准溶液滴定至溶液由紫红色变为亮黄色即为终点。根据消耗 EDTA 标准溶液的体积 V_1，计算锌的含量(g·L^{-1})。

2.锌基合金中铜的测定

另平行移取 3 份试液 25.00 mL 分别置于 250 mL 锥形瓶中，加 NH_4F 1 g，水 20 mL，二甲酚橙指示剂 2～3 滴，用六次甲基四胺溶液调至溶液呈现稳定的紫红色，并过量 3 mL，用 0.01 mol·L^{-1} EDTA 标准溶液滴定至溶液由紫红色变为亮黄色即为终点。消耗 EDTA 标准溶液的体积为 V_2，计算出锌、铜的总量。

用差减法求出铜的含量。

五、问题与讨论

(1)如果锌合金中杂质是 Mg，而不含 Al，测定 Cu，Zn 时，Mg 会不会产生干扰？为什么？

(3)可以用哪些掩蔽剂掩蔽 Al^{3+}？

(3)Cu 含量较低时，V_2-V_1 的数值很小，测得结果仅供参考，但 Zn 的含量是可靠的，为什么？

实验三十六　取代三联吡啶分光光度法测定 Co(Ⅱ)的显色反应(设计型实验)

一、实验目的

(1)了解分光光度法测定 Co(Ⅱ)的方法及条件选定。

(2)掌握三联吡啶分光光度法测定维生素 B_{12} 中 Co(Ⅱ)含量的方法。

二、实验原理

在 pH 为 3.0 的 NaAc－HAc 缓冲溶液中，4－(对甲苯基)－2，2′：6′，2″－三联吡啶(TTPY)与 Co(Ⅱ)发生显色反应，形成稳定的绿色络合物，最大吸收波长 $\lambda_{max}=337.6$ nm，表观摩尔消光系数 $\varepsilon=1.03\times10^6\ L\cdot mol^{-1}\cdot cm^{-1}$。Co(Ⅱ)在 0～0.6 $mg\cdot L^{-1}$ 范围内符合比尔定律，该方法直接用于测定维生素 B_{12} 中微量钴的测定。

三、仪器与试剂

仪器：pHS－2 型酸度计、722 型分光光度计、容量瓶、比色皿、25 mL 比色管、烧瓶。

试剂：TTPY 乙醇溶液($1\times10^{-3}\ mol\cdot L^{-1}$)、NaAc－HAc 缓冲溶液(pH＝3.0，1 $mol\cdot L^{-1}$)、Co(Ⅱ)的标准溶液(10 $mg\cdot L^{-1}$)、NaOH(0.1 $mol\cdot L^{-1}$)、维生素 B_{12} 针剂(每支含 0.5 mg 维生素 B_{12})、硝酸(浓)、硫酸(浓)、对甲基苯甲醛(分析纯)、2－乙酰吡啶(分析纯)、乙醇(分析纯)、甲醇(分析纯)、氨水(30%)。

三、实验内容

1. 条件实验

(1)吸收曲线的测绘：准确移取 10$mg\cdot L^{-1}$ Co(Ⅱ)的标准溶液于 25 mL 比色管中，依次加入 pH 为 3.0 的缓冲溶液 5.0 mL，TTPY 乙醇溶液 2.0 mL，用 50% 乙醇-水溶液稀释至刻度，摇匀。在 45～55℃水浴中加热 15 min，冷却，以试剂空白为参比，用 1 cm 比色皿在 300～400 nm 范围内，每隔 5 nm 或 10 nm 测定一次吸光度，其中从 330～350 nm 每隔 2 nm 测定一次。然后以波长为横坐标、吸光度为纵坐标绘制出吸收曲线，从吸收曲线上确定该测定的适宜波长。

(2)显色剂浓度实验：取 50 mL 的容量瓶 7 个进行编号，用 5 mL 移液管准确移取 10 $mg\cdot L^{-1}$ Co(Ⅱ)标准溶液 5 mL 于容量瓶中，加入 5 mL 乙醇和 1 $mol\cdot L^{-1}$ NaAc－HAc 缓冲溶液的混合液，然后分别加入 0.1% TTPY 乙醇溶液 0.3 mL，0.6 mL，1.0 mL，1.5 mL，2.0 mL，3.0 mL 和 4.0 mL，用水稀释至刻度，摇匀。在分光光度计上，用 337 nm 波长，1 cm 比色皿，测定上述各溶液的吸光度。然后以加入的邻二氮杂菲试剂的体积为横坐标、吸光度为纵坐标绘制曲线，从中找出显色剂的最适宜的加入量。

(3)溶液酸度对络合物的影响：准确移取 10$mg\cdot L^{-1}$ Co(Ⅱ)标准溶液 5 mL 于 100 mL 容量瓶中，加入 5 mL 1 $mol\cdot L^{-1}$乙醇和 NaAc－HA 缓冲溶液的混合液，2 min 后加入 0.1% TTPY 溶液 10 mL，用水稀释至刻度，摇匀，备用。取 50 mL 的容量瓶 7 个编号，用移液管准确移取上述溶液 10 mL 于各容量瓶中。依次在容量瓶中加入 0.1 $mol\cdot L^{-1}$ NaOH 溶液0.0 mL,2.0 mL,3.0 mL,4.0 mL,6.0 mL,8.0mL和10.0 mL,以水稀释至刻度,摇匀。测定各容量瓶中的溶液的pH,先用pH-14广泛pH试纸粗略确定其pH,然后进一步用精密pH试纸确定其较准确的pH。最后以pH为横坐标,吸光度A为纵坐标,绘制A-pH曲线。从曲线上找出适宜的pH范围。

2.样品分析

(1)维生素B_{12}针剂中钴含量的测定及回收率实验:取5支维生素B_{12}针剂(每只含0.5 mg)置于100 mL烧杯中,加入10 mL硝酸,5 mL硫酸,加热蒸发至干,残渣以少量热水溶解,转入100 mL容量瓶中,用二次水稀释至刻度,摇匀,备用。

(2)样品测试:取上述试液5.0 mL于25 mL比色管中,按照条件实验方法测定。同时,利用4 μg Co(Ⅱ)标准溶液按照同样方法进行标准回收实验。计算出维生素B_{12}注射液中钴的测定结果,以及维生素B_{12}注射液中钴的回收率。

四、4-(对甲苯基)-2,2':6',2"-三联吡啶的合成

将1.00 mL(8.49 mmol)对甲基苯甲醛和1.00 mL(8.92 mmol)2-乙酰吡啶溶于6 mL甲醇和4 mL去离子水组成的混合溶剂中,冰浴20 min后,在搅拌条件下逐滴加入2.0 mL 20% NaOH,反应液颜色由无色逐渐转变为淡黄绿色。继续搅拌1 h后,加入10 mL蒸馏水,撤去冰水浴,搅拌10 min,然后抽滤。用甲醇-水(体积比为1:1)5 mL洗涤滤饼三次,并用水洗涤两次,晾干,得淡绿色固体。

将1.00 g(4.48 mmol)第一步反应产物3-(4-甲基苯基)-1-(2-吡啶基)-2-丙烯-1-酮和0.50 mL(4.46 mmol) 2-乙酰基吡啶溶于20 mL无水乙醇中,加入10 mL氨水,然后缓慢滴加5 g 50% KOH溶液。滴加完毕后室温条件下搅拌30 min,加热至80℃,反应2 h,产生大量沉淀。冷却至室温,加入50 mL蒸馏水,然后抽滤。用去离子水将滤饼洗至中性后,再用甲醇重结晶,烘干后得白色固体1.08 g。薄板点样分析表明所得化合物与Sigma购得标样为同种化合物,产率为69.3%。

附　　录

附录一　化学试剂的规格及选用

化学试剂等级规格的划分,各国均不一样,尤其是国外各个厂家的规格等级也常不一致,这就给购买和选用带来一定的困难。

我国全国统一的试剂规格等级划分可参阅见附表1。

附表1　化学试剂规格

全国统一化学试剂 规格等级质量标准	一级品	二级品	三级品	四级品
我国习惯上的等级及其符号	保证试剂 G. R.	分析试剂 A. R.	化学纯 C. P.	实验试剂 L. R.
纯度	纯度很高	纯度较高	纯度不高	纯度较差
使用范围	精确分析 及研究用	一般分析 及研究用	工业分析及 化学实验用	化学实验 可用
瓶签标志颜色	绿　色	红　色	蓝　色	黑(黄)色

除了附表1中所列的四种规格的化学试剂外,其他规格的化学试剂尚有有机分析试剂(O. A. R.)、微量分析试剂(M. A. R.)、标准物质(S. S.)、光谱纯(Spedpure)、特纯(E. P.)、指示剂(In d)、工业试剂、医用试剂等。

在大学化学实验中,多数选用化学纯(C. P.)试剂,也采用一些实验试剂(L. R.),只有在极少数特别要求情况下才选用二级试剂以至一级试剂。同样,四级以下的工业试剂等也很少采用。

附录二　常用酸碱溶液的密度和浓度(15℃)

名称	密度 ρ/(g·mL^{-1})	质量分数/(%)	(物质的量)浓度 c/(mol·L^{-1})
浓硫酸 H_2SO_4	1.84	95～96	18
稀硫酸 H_2SO_4	1.18	25	3
稀硫酸 H_2SO_4	1.06	9	1
浓盐酸 HCl	1.19	38	12
稀盐酸 HCl	1.10	20	6
稀盐酸 HCl	1.03	7	2
浓硝酸 HNO_3	1.40	65	14
稀硝酸 HNO_3	1.20	32	6
稀硝酸 HNO_3	1.07	12	2
浓磷酸 H_3PO_4	1.7	85	15
稀磷酸 H_3PO_4	1.05	9	1
稀高氯酸 $HClO_4$	1.12	19	2
浓氢氟酸 HF	1.13	40	23
氢溴酸 HBr	1.38	40	7
氢碘酸 HI	1.04	57	7.5
冰醋酸 CH_3COOH	1.02	99～100	17.5
稀醋酸 CH_3COOH	1.36	35	6
稀醋酸 CH_3COOH	1.09	12	2
浓氢氧化钠 NaOH	1.70	33	11
稀氢氧化钠 NaOH	0.88	8	2
浓氨水 NH_3(aq)	1.05	35	18
浓氨水 NH_3(aq)	0.91	25	13.5
稀氨水 NH_3(aq)	0.99	11	6
稀氨水 NH_3(aq)	0.96	3.5	2

附录三　常见离子的颜色

1. 无色阳离子

Ag^{+}，Cd^{2+}，K^{+}，Ca^{2+}，As^{3+}（在溶液中主要以 AsO_3^{3-} 存在），Pb^{2+}，Zn^{2+}，Na^{+}，Sr^{2+}，As^{5+}（在溶液中几乎全部以 AsO_4^{3-} 存在），Hg^{2+}，Bi^{3+}，NH_4^{+}，Ba^{2+}，Sb^{3+}，Sb^{5+}（主要以 $SbCl_6^{-}$ 或 $SbCl^{4+}$ 存在），Hg^{2+}，Mg^{2+}，Al^{3+}，Sn^{2+}，Sn^{4+}。

2. 有色阳离子

Mn^{2+}[浅玫瑰色（稀溶液中无色）]，Fe^{3+}（黄色或红棕色），Fe^{2+}[浅绿色（稀溶液中无色）]，Cr^{3+}（绿色或紫色），Co^{2+}（玫瑰色），Ni^{2+}（绿色），Cu^{2+}（浅蓝色）。

3. 无色阴离子

SO_4^{2-}，PO_4^{3-}，F^{-}，SCN^{-}，$C_2O_4^{2-}$，MoO_4^{2-}，SO_3^{2-}，Cl^{-}，NO_3^{-}，S^{2-}，$S_2O_3^{2-}$，Br^{-}，NO_2^{-}，ClO_3^{-}，CO_3^{2-}，SiO_3^{2-}，HCO_3^{2-}，PbI_4^{2-}。

4. 有色阴离子

$Cr_2O_7^{2-}$（橙色），CrO_4^{2-}（黄色），CrO_2^{-}（绿色），MnO_4^{-}（紫红色），MnO_4^{2-}（绿色），$[Fe(CN)_6]^{3-}$（红棕色），$[Fe(CN)_6]^{4-}$（黄绿色），$[CuCl_4]^{2-}$（黄色）。

附录四　国际相对原子质量

原子序数	元素符号	元素名称	相对原子质量	原子序数	元素符号	元素名称	相对原子质量
1	H	氢 Hydrogen	1.008	32	Nb	铌 Niobium	92.91
2	He	氦 Helium	4.003	33	Mo	钼 Molybdenum	95.94
3	Li	锂 Lithium	6.941	34	^{99}Tc	锝 Technetium	98.9
4	Be	铍 Beryllium	9.012	35	Ru	钌 Ruthenium	101.1
5	B	硼 Boron	10.81	36	Rh	铑 Rhodium	102.9
6	C	碳 Carbon	12.01	37	Pd	钯 Palladium	106.4
7	N	氮 Nitrogen	14.007	38	Ag	银 Silver	107.9
8	O	氧 Oxygen	15.999	39	Cd	镉 Cadmium	112.4
9	F	氟 Fluorine	8.998	40	In	铟 Indium	114.8
10	Ne	氖 Neon	0.18	41	Sn	锡 Tin	118.7
11	Na	钠 Sodium	22.99	42	Sb	锑 Antimony	121.8
12	Mg	镁 Magnesium	24.305	43	Te	碲 Tellurium	127.6
13	Al	铝 Aluminum	26.98	44	I	碘 Iodine	126.9
14	Si	硅 Silicon	28.09	45	Xe	氙 Xenon	131.3
15	P	磷 pHospHorus	30.97	46	Cs	铯 Cesium	132.9
16	S	硫 Sulfur	32.07	47	Ba	钡 Barium	137.3
17	Cl	氯 Chlorine	35.45	48	La	镧 Lanthanum	138.9
18	Ar	氩 Argon	39.95	49	Ce	铈 Cerium	140.1
19	K	钾 Potassium	39.10	50	Pr	镨 Praseodymium	140.9
20	Ca	钙 Calcium	40.08	51	Nd	钕 Niobium	144.2
21	Sc	钪 Scandium	44.96	52	^{145}Pm	钷 Promethium	144.9
22	Ti	钛 Titanium	47.87	53	Sm	钐 Samarium	150.4
23	V	钒 Vanadium	50.94	54	Eu	铕 Europium	152.0
24	Cr	铬 Chromium	52.00	55	Gd	钆 Gadolinium	157.3
25	Mn	锰 Manganese	54.94	56	Tb	铽 Terbium	158.9
26	Fe	铁 Iron	55.845	57	Dy	镝 Dysprosium	162.5
27	Co	钴 Cobalt	58.93	58	Ho	钬 Holmium	164.9
28	Ni	镍 Nickel	58.69	59	Er	铒 Erbium	167.3
29	Cu	铜 Copper	63.55	60	Tm	铥 Thulium	168.9
30	Zn	锌 Zinc	65.39	61	Yb	镱 Ytterbium	173.0
31	Ga	镓 Gallium	69.72	62	Lu	镥 Lutetium	175.0

续表

原子序数	元素符号	元素名称	相对原子质量	原子序数	元素符号	元素名称	相对原子质量
63	Ge	锗　Germanium	72.61	72	Hf	铪　Hafnium	178.5
64	As	砷　Arsenic	74.92	73	Ta	钽　Tantalum	180.9
65	Se	硒　Selenium	78.96	74	W	钨　Tungsten	183.8
66	Br	溴　Bromine	79.90	75	Re	铼　Rhenium	186.2
67	Kr	氪　Krypton	83.80	76	Os	锇　Osmium	190.2
68	Rb	铷　Rubidium	85.47	77	Ir	铱　Iridium	192.2
69	Sr	锶　Strontium	87.62	78	Pt	铂　Platinum	195.1
70	Y	钇　Yttrium	88.91	79	Au	金　Gold	197.0
71	Zr	锆　Zirconium	91.22	80	Hg	汞　Mercury	200.6

附录五　常用酸碱指示剂及配制方法

指示剂	变色范围(pH)	颜色变化	配制方法
百里酚蓝	1.2～2.8	红—黄	0.1 g 于 21.5 mL 0.01 mol·L^{-1} NaOH + 228.5 mL H_2O
甲基橙	3.2～4.4	红—黄	0.01%水溶液
甲基红	4.8～6.0	红—黄	0.02 g 于 60 mL 乙醇 + 40 mL 水
溴百里酚蓝	6.0～7.6	黄—蓝	0.1 g 于 16 mL 0.01mol·L^{-1} NaOH + 234 mL H_2O
酚酞	8.2～10.0	无色—粉红	0.05 g 于 50 mL 乙醇 + 50 mL 水
酚红	6.6～8.0	黄—红	0.1 g 于 28.2 mL 0.01mol·L^{-1} NaOH + 221.8 mL H_2O
百里酚酞	9.4～10.6	无色—蓝	0.04 g 于 50 mL 乙醇 + 50 mL 水

附录六　标准电极电势(25℃)

电对(氧化态/还原态)	电极反应(a 氧化态 + ne^- = b 还原态)	$\varphi^{\ominus}$/V
K^+/K	$K^+ + e^- = K$	−2.931
Ca^{2+}/Ca	$Ca^{2+} + 2e^- = Ca$	−2.868
Na^+/Na	$Na^+ + e^- = Na$	−2.71
Mg^{2+}/Mg	$Mg^{2+} + 2e^- = Mg$	−2.372
Al^{3+}/Al	$Al^{3+} + 3e^- = Al$	−1.662
Mn^{2+}/Mn	$Mn^{2+} + 2e^- = Mn$	−1.185
H_2O/H_2	$2H_2O + 2V = H_2 + 2OH^-$	−0.827 7(碱性溶液中)
Zn^{2+}/Zn	$Zn^{2+} + 2e^- = Zn$	−0.761 8
Fe^{2+}/Fe	$Fe^{2+} + 2e^- = Fe$	−0.447
Cd^{2+}/Cd	$Co^{2+} + 2e^- = Co$	−0.403 0
Co^{2+}/Co	$Cd^{2+} + 2e^- = Cd$	−0.28
Ni^{2+}/Ni	$Ni^{2+} + 2e^- = Ni$	−0.257
Sn^{2+}/Sn	$Sn^{2+} + 2e^- = Sn$	−0.137 5
Pb^{2+}/Pb	$Pb^{2+} + 2e^- = Pb$	−0.126 2
Fe^{3+}/Fe	$Fe^{3+} + 3e^- = Fe$	−0.037
H^+/H_2	$H^+ + e^- = (1/2)\ H_2$	0.000
$S_4O_6{}^{2-}/S_2O_3{}^{2-}$	$S_4O_6{}^{2-} + 2e^- = 2S_2O_3{}^{2-}$	+0.08
S/H_2S	$+2H^+ + 2e^- = H_2S$	+0.142
Sn^{4+}/Sn^{2+}	$SSn^{4+} + 2e^- = Sn^{2+}$	+0.151
$SO_4{}^{2-}/H_2SO_3$	$SO_4{}^{2-} + 4H^+ + 2e^- = H_2SO_3 + H_2O$	+0.172
$AgCl/Ag$	$AgCl + e^- = Ag + Cl^-$	+0.222 33
Hg_2Cl_2/Hg	$Hg_2Cl_2 + 2e^- = 2Hg + 2Cl^-$	+0.268 08
Cu^{2+}/Cu	$Cu^{2+} + 2e^- = Cu$	+0.341 9
O_2/OH^-	$(1/2)O_2 + H_2O + 2e = 2OH^-$	+0.401(碱性溶液中)
Cu^+/Cu	$Cu^+ + e^- = Cu$	+0.521
I_2/I^-	$I_2 + 2e^- = 2I^-$	+0.535 5
$I_3{}^-/3I^-$	$I_3{}^- + 2e^- = 3I^-$	+0.536
O_2/H_2O_2	$O_2 + 2H^+ + 2e^- = H_2O_2$	+0.695
Fe^{3+}/Fe^{2+}	$Fe^{3+} + e^- = Fe^{2+}$	+0.771
$Hg_2{}^{2+}/Hg$	$(1/2)\ Hg_2{}^{2+} + e^- = Hg$	+0.797 3
Ag^+/Ag	$Ag^+ + e^- = Ag$	+0.799 6

续表

电对(氧化态/还原态)	电极反应(a 氧化态 + ne^- = b 还原态)	$\varphi^\ominus$/V
Hg^{2+}/Hg	$Hg^{2+}+2e^- = Hg$	+0.851
NO_3^-/NO	$NO_3^-+4H^++3e = NO+2H_2O$	+0.957
HNO_2/NO	$HNO_2+H^++e^- = NO+H_2O$	+0.983
Br_2/Br^-	$Br_2+2e^- = 2Br^-$	+1.087 3
MnO_2/Mn^{2+}	$MnO_2+4H^++2e^- = Mn^{2+}+2H_2O$	+1.224
O_2/H_2O	$O_2+4H^++4e^- = 2H_2O$	+1.229
$Cr_2O_7^{2-}/Cr^{3+}$	$Cr_2O_7^{2-}+14H^++6e^- = 2Cr^{3+}+7H_2O$	+1.232
Cl_2/Cl^-	$Cl_2+2e^- = 2Cl^-$	+1.358 27
MnO_4^-/Mn^{2+}	$MnO_4^-+8H^++5e^- = Mn^{2+}+4H_2O$	+1.507
H_2O_2/H_2O	$H_2O_2+2H^++2e^- =2H_2O_2$	+1.776
$S_2O_8^{2-}/SO_4^{2-}$	$S_2O_8^{2-}+2e^- = 2SO_4^{2-}$	+2.010
F_2/F^-	$F_2+2e^- = 2F^-$	+2.866

附录七　不同温度下水蒸气的压力

温度/K	压力/kPa	温度/K	压力/kPa	温度/K	压力/kPa
273.15	0.610 3	307.15	5.322 9	341.15	28.576
274.15	0.657 2	308.15	5.626 7	342.15	29.852
275.15	0.706 0	309.15	5.945 3	343.15	31.176
276.15	0.758 1	310.15	6.279 5	344.15	32.549
277.15	0.813 6	311.15	6.629 8	345.15	33.972
278.15	0.872 6	312.15	6.996 9	346.15	35.448
279.15	0.935 4	313.15	7.381 4	347.15	36.978
280.15	1.002 1	314.15	7.784 0	348.15	38.563
281.15	1.073 0	315.15	8.205 4	349.15	40.205
282.15	1.148 2	316.15	8.646 3	350.15	41.905
283.15	1.228 1	317.15	9.107 5	351.15	43.665
284.15	1.312 9	318.15	9.589 8	352.15	45.487
285.15	1.402 7	319.15	10.094	353.15	47.373
286.15	1.497 9	320.15	10.620	354.15	49.324
287.15	1.598 8	321.15	11.171	355.15	51.342
288.15	1.705 6	322.15	11.745	356.15	53.428
289.15	1.818 5	323.15	12.344	357.15	55.585
290.15	1.938 0	324.15	12.970	358.15	57.815
291.15	2.064 4	325.15	13.623	359.15	60.119
292.15	2.197 8	326.15	14.303	360.15	62.499
293.15	2.338 8	327.15	15.012	361.15	64.958
294.15	2.487 7	328.15	15.752	362.15	67.496
295.15	2.644 7	329.15	16.522	363.15	70.117
296.15	2.810 4	330.15	17.324	364.15	72.823
297.15	2.985 0	331.15	18.159	365.15	75.614
298.15	3.169 0	332.15	19.028	366.15	78.494
299.15	3.362 9	333.15	19.932	367.15	81.465
300.15	3.567 0	334.15	20.873	368.15	84.529
301.15	3.781 8	335.15	21.851	369.15	87.688
302.15	4.007 8	336.15	22.868	370.15	90.945
303.15	4.245 5	337.15	23.925	371.15	94.301
304.15	4.495 3	338.15	25.022	372.15	97.759
305.15	4.757 8	339.15	26.163	373.15	101.325
306.15	5.033 5	340.15	27.347		

附录八　一些配离子的稳定常数

配离子	$\frac{K_{稳}}{[K_{稳}]}$	$\lg\frac{K_{稳}}{[K_{稳}]}$	配离子	$\frac{K_{稳}}{[K_{稳}]}$	$\lg\frac{K_{稳}}{[K_{稳}]}$
$[Ag(CN)_2]^-$	1.26×10^{21}	21.2	$[Cu(P_2O_7)_2]^{6-}$	1.0×10^{9}	9.0
$[Ag(NH_3)_2]^+$	1.12×10^{7}	7.05	$[FeF_6]^{3-}$	2.04×10^{14}	14.31
$[Ag(S_2O_3)_2]^{3-}$	2.89×10^{13}	13.46	$[Fe(CN)_6]^{3-}$	1.0×10^{42}	42
$[AgCl_2]^-$	1.10×10^{5}	5.04	$[Hg(CN)_4]^{2-}$	2.51×10^{41}	41.4
$[AgBr_2]^-$	2.14×10^{7}	7.33	$[HgI_4]^{2-}$	6.76×10^{29}	29.83
$[AgI_2]^-$	5.50×10^{11}	11.74	$[HgBr_4]^{2-}$	1.0×10^{21}	21.00
$[Ag(py)_2]^+$	1.0×10^{10}	10.0	$[HgCl_4]^{2-}$	1.17×10^{15}	15.07
$[Co(NH_3)_6]^{2+}$	1.29×10^{5}	5.11	$[Ni(NH_3)_6]^{2+}$	5.50×10^{8}	8.74
$[Cu(CN)_2]^-$	1.00×10^{24}	24.0	$[Ni(en)_3]^{2+}$	2.14×10^{18}	18.33
$[Cu(SCN)_2]^-$	1.52×10^{5}	5.18	$[Zn(CN)_4]^{2-}$	5.0×10^{16}	16.7
$[Cu(NH_3)_2]^+$	7.24×10^{10}	10.86	$[Zn(NH_3)_4]^{2+}$	2.87×10^{9}	9.46
$[Cu(NH_3)_4]^{2+}$	2.09×10^{13}	13.32	$[Zn(en)_2]^{2+}$	6.76×10^{10}	10.83

附录九　常用 pH 缓冲溶液的配制

序号	溶液名称	配制方法	pH
1	氯化钾-盐酸	13.0 mL 0.2 mol·L^{-1} HCl 与 25.0 mL 0.2 mol·L^{-1} KCl 混合均匀后，加水稀释至 100 mL	1.7
2	氨基乙酸-盐酸	在 500 mL 水中溶解氨基乙酸 150 g，加 480 mL 浓盐酸，再加水稀释至 1 L	2.3
3	一氯乙酸-氢氧化钠	在 200 mL 水中溶解 2 g 一氯乙酸后，加 40 g NaOH，溶解完全后再加水稀释至 1 L	2.8
4	邻苯二甲酸氢钾-盐酸	把 25.0 mL 10.2 mol·L^{-1} 的邻苯二甲酸氢钾溶液与 6.0 mL 0.1 mol·L^{-1} HCl 混合均匀，加水稀释至 100 mL	3.6
5	邻苯二甲酸氢钾-氢氧化钠	把 25.0 mL 0.2 mol·L^{-1} 的邻苯二甲酸氢钾溶液与 17.5 mL 0.1 mol·L^{-1} NaOH 混合均匀，加水稀释至 100 mL	4.8
6	六亚甲基四胺-盐酸	在 200 mL 水中溶解六亚甲基四胺 40 g，加浓 HCl 10 mL，再加水稀释至 1 L	5.4
7	磷酸二氢钾-氢氧化钠	把 25.0 mL 0.2 mol·L^{-1} 的磷酸二氢钾与 23.6 mL 0.1 mol·L^{-1} NaOH 混合均匀，加水稀释至 100 mL	6.8
8	硼酸-氯化钾-氢氧化钠	把 25.0 mL 0.2 mol·L^{-1} 的硼酸-氯化钠与 4.0 mL 0.1 mol·L^{-1} NaOH 混合均匀，加水稀释至 100 mL	8.0
9	氯化铵-氨水	把 0.1 mol·L^{-1} 氯化铵与 0.1 mol·L^{-1} 氨水以 2∶1 比例混合均匀	9.1
10	硼酸-氯化钾-氢氧化钠	把 25.0 mL 0.2 mol·L^{-1} 的硼酸-氯化钾与 43.9 mL 0.1 mol·L^{-1} NaOH 混合均匀，加水稀释至 100 mL	10.0
11	氨基乙酸-氯化钠-氢氧化钠	把 49.0 mL 0.1 mol·L^{-1} 氨基乙酸-氯化钠与 51.0 mL 0.1 mol·L^{-1} NaOH 混合均匀	11.6
12	磷酸氢二钠-氢氧化钠	把 50.0 mL 0.05 mol·L^{-1} Na_2HPO_4 与 26.9 mL 0.1 mol·L^{-1} NaOH 混合均匀，加水稀释至 100 mL	12.0
13	氯化钾-氢氧化钠	把 25.0 mL 0.2 mol·L^{-1} KCl 与 66.0 mL 0.2 mol·L^{-1} NaOH 混合均匀，加水稀释至 100 mL	13.0

附录十 一些常见弱电解质的解离常数

条件为:近似浓度为 0.01～0.03 $mol \cdot L^{-1}$,温度为 25℃。

名 称	化学式	解离常数 K	pK (−lg$K$)
醋酸	HAc	1.76×10^{-5}	4.75
碳酸	H_2CO_3	4.30×10^{-7}	6.37
		5.61×10^{-11}	10.25
草酸	$H_2C_2O_4$	5.90×10^{-2}	1.23
		6.40×10^{-5}	4.19
亚硝酸	HNO_2	4.6×10^{-4}(285.5K)	3.37
磷酸	H_3PO_4	7.52×10^{-3}	2.12
		$K_2=6.23\times10^{-8}$	7.21
		2.2×10^{-13}(291 K)	12.67
亚硫酸	H_2SO_3	1.54×10^{-2}(291 K)	1.81
		1.02×10^{-7}	6.91
硫酸	H_2SO_4	1.20×10^{-2}	1.92
硫化氢	H_2S	9.1×10^{-8}(291 K)	7.04
		1.1×10^{-12}	11.96
氢氰酸	HCN	4.93×10^{-10}	9.31
铬酸	H_2CrO_4	1.8×10^{-1}	0.74
		3.20×10^{-7}	6.49
硼酸	H_3BO_3	5.8×10^{-10}	9.24
氢氟酸	HF	3.53×10^{-4}	3.45
过氧化氢	H_2O_2	2.4×10^{-12}	11.62
次氯酸	HClO	2.95×10^{-5}(291 K)	4.53
次溴酸	HBrO	2.06×10^{-9}	8.69
次碘酸	HIO	2.3×10^{-11}	10.64
碘酸	HIO_3	1.69×10^{-1}	0.77
砷酸	H_3AsO_4	5.62×10^{-3}(291 K)	2.25
		1.70×10^{-7}	6.77
		3.95×10^{-12}	11.40
亚砷酸	$HAsO_2$	6×10^{-10}	9.22
铵离子	NH_4^+	5.56×10^{-10}	9.25
醋酸	HAc	1.76×10^{-5}	4.75

续表

名 称	化学式	解离常数 K	pK ($-\lg K$)
氨水	$NH_3 \cdot H_2O$	1.79×10^{-5}	4.75
联胺	N_2H_4	8.91×10^{-7}	6.05
羟氨	NH_2OH	9.12×10^{-9}	8.04
氢氧化铅	$Pb(OH)_2$	9.6×10^{-4}	3.02
氢氧化锂	$LiOH$	6.31×10^{-1}	0.2
氢氧化铍	$Be(OH)_2$	1.78×10^{-6}	5.75
	$BeOH^+$	2.51×10^{-9}	8.6
氢氧化铝	$A1(OH)_3$	5.01×10^{-9}	8.3
	$Al(OH)_2^+$	1.99×10^{-10}	9.7
氢氧化锌	$Zn(OH)_2$	7.94×10^{-7}	6.1
氢氧化镉	$Cd(OH)_2$	5.01×10^{-11}	10.3
乙二胺	$H_2NC_2H_4NH_2$	8.5×10^{-5}	4.07
		7.1×10^{-8}	7.15
六亚甲基四胺	$(CH_2)_6N_4$	1.35×10^{-9}	8.87
尿素	$CO(NH_2)_2$	1.3×10^{-14}	13.89
质子化六亚甲基四胺	$(CH_2)_6N_4H^+$	7.1×10^{-6}	5.15
甲酸	$HCOOH$	1.77×10^{-4}(293 K)	3.75
氯乙酸	$ClCH_2COOH$	1.40×10^{-3}	2.85
氨基己酸	NH_2CH_2COOH	1.67×10^{-10}	9.78
邻苯二甲酸	$C_6H_4(COOH)_2$	1.12×10^{-3}	2.95
		$K_2 = 3.91 \times 10^{-6}$	5.41
柠檬酸	$(HOOCCH_2)_2C(OH)COOH$	7.1×10^{-4}	3.14
		1.68×10^{-5}(293 K)	4.77
		4.1×10^{-7}	6.39
aL-酒石酸	$[CH(OH)COOH]_2$	1.04×10^{-3}	2.98
		4.55×10^{-5}	4.34
8-羟基喹啉	C_9H_6NOH	8×10^{-6}	5.1
		1×10^{-9}	9.0
苯酚	C_6H_5OH	1.28×10^{-10}(293 K)	9.89
对氨基苯磺酸	$H_2NC_6H_4SO_3H$	2.6×10^{-1}	0.58
		7.6×10^{-4}	3.12
乙二胺四乙酸(EDTA)	$(CH_2COOH)_2NH^+CH_2CH_2NH^+(CH_2COOH)_2$	5.4×10^{-7}	6.27
		1.12×10^{-11}	10.95

附录十一　一些常见难溶化合物的溶度积常数(25℃)

序号	分子式	K_{sp}	pK_{sp} ($-\lg K_{sp}$)	序号	分子式	K_{sp}	pK_{sp} ($-\lg K_{sp}$)
1	Ag_3AsO_4	1.0×10^{-22}	22.0	32	Hg_2Cl_2	1.3×10^{-18}	17.88
2	$AgBr$	5.0×10^{-13}	12.3	33	HgC_2O_4	1.0×10^{-7}	7.0
3	$AgBrO_3$	5.50×10^{-5}	4.26	34	Hg_2CO_3	8.9×10^{-17}	16.05
4	$AgCl$	1.8×10^{-10}	9.75	35	$Hg_2(CN)_2$	5.0×10^{-40}	39.3
5	$AgCN$	1.2×10^{-16}	15.92	36	Hg_2CrO_4	2.0×10^{-9}	8.70
6	Ag_2CO_3	8.1×10^{-12}	11.09	37	Hg_2I_2	4.5×10^{-29}	28.35
7	$Ag_2C_2O_4$	3.5×10^{-11}	10.46	38	HgI_2	2.82×10^{-29}	28.55
8	$Ag_2Cr_2O_4$	1.2×10^{-12}	11.92	39	$Hg_2(IO_3)_2$	2.0×10^{-14}	13.71
9	$Ag_2Cr_2O_7$	2.0×10^{-7}	6.70	40	$Hg_2(OH)_2$	2.0×10^{-24}	23.7
10	AgI	8.3×10^{-17}	16.08	41	$HgSe$	1.0×10^{-59}	59.0
11	$AgIO_3$	3.1×10^{-8}	7.51	42	HgS(红)	4.0×10^{-53}	52.4
12	$AgOH$	2.0×10^{-8}	7.71	43	HgS(黑)	1.6×10^{-52}	51.8
13	Ag_2MoO_4	2.8×10^{-12}	11.55	44	Hg_2WO_4	1.1×10^{-17}	16.96
14	Ag_3PO_4	1.4×10^{-16}	15.84	45	$Ho(OH)_3$	5.0×10^{-23}	22.30
15	Ag_2S	6.3×10^{-50}	49.2	46	$In(OH)_3$	1.3×10^{-37}	36.9
16	$AgSCN$	1.0×10^{-12}	12.00	47	$InPO_4$	2.3×10^{-22}	21.63
17	Ag_2SO_3	1.5×10^{-14}	13.82	48	In_2S_3	5.7×10^{-74}	73.24
18	Ag_2SO_4	1.4×10^{-5}	4.84	49	$La_2(CO_3)_3$	3.98×10^{-34}	33.4
19	Ag_2Se	2.0×10^{-64}	63.7	50	$LaPO_4$	3.98×10^{-23}	22.43
20	Ag_2SeO_3	1.0×10^{-15}	15.00	51	$Lu(OH)_3$	1.9×10^{-24}	23.72
21	Ag_2SeO_4	5.7×10^{-8}	7.25	52	$Mg_3(AsO_4)_2$	2.1×10^{-20}	19.68
22	$AgVO_3$	5.0×10^{-7}	6.3	53	$MgCO_3$	3.5×10^{-8}	7.46
23	Ag_2WO_4	5.5×10^{-12}	11.26	54	$MgCO_3$	2.14×10^{-5}	4.67
24	$Al(OH)_3$①	4.57×10^{-33}	32.34	55	$Mg(OH)_2$	1.8×10^{-11}	10.74
25	$AlPO_4$	6.3×10^{-19}	18.24	56	$Mg_3(PO_4)_2$	6.31×10^{-26}	25.2
56	Al_2S_3	2.0×10^{-7}	6.7	57	$Mn_3(AsO_4)_2$	1.9×10^{-29}	28.72
27	$Au(OH)_3$	5.5×10^{-46}	45.26	58	$MnCO_3$	1.8×10^{-11}	10.74
28	$AuCl_3$	3.2×10^{-25}	24.5	59	$Mn(IO_3)_2$	4.37×10^{-7}	6.36
29	AuI_3	1.0×10^{-46}	46.0	60	$Mn(OH)_4$	1.9×10^{-13}	12.72
30	$Ba_3(AsO_4)_2$	8.0×10^{-51}	50.1	61	MnS(粉红)	2.5×10^{-10}	9.6
31	$BaCO_3$	5.1×10^{-9}	8.29	62	MnS(绿)	2.5×10^{-13}	12.6

续表

序号	分子式	K_{sp}	pK_{sp} ($-\lg K_{sp}$)	序号	分子式	K_{sp}	pK_{sp} ($-\lg K_{sp}$)
63	BaC_2O_4	1.6×10^{-7}	6.79	95	$Ni_3(AsO_4)_2$	3.1×10^{-26}	25.51
64	$BaCrO_4$	1.2×10^{-10}	9.93	96	$NiCO_3$	6.6×10^{-9}	8.18
65	$Ba_3(PO_4)_2$	3.4×10^{-23}	22.44	97	NiC_2O_4	4.0×10^{-10}	9.4
66	$BaSO_4$	1.1×10^{-10}	9.96	98	$Ni(OH)_2$(新)	2.0×10^{-15}	14.7
67	BaS_2O_3	1.6×10^{-5}	4.79	99	$Ni_3(PO_4)_2$	5.0×10^{-31}	30.3
68	$BaSeO_3$	2.7×10^{-7}	6.57	100	α - NiS	3.2×10^{-19}	18.5
69	$BaSeO_4$	3.5×10^{-8}	7.46	101	β - NiS	1.0×10^{-24}	24.0
70	$Be(OH)_2$[2]	1.6×10^{-22}	21.8	102	γ - NiS	2.0×10^{-26}	25.7
71	$BiAsO_4$	4.4×10^{-10}	9.36	103	$Pb_3(AsO_4)_2$	4.0×10^{-36}	35.39
72	$Bi_2(C_2O_4)_3$	3.98×10^{-36}	35.4	104	$PbBr_2$	4.0×10^{-5}	4.41
73	$Bi(OH)_3$	4.0×10^{-31}	30.4	105	$PbCl_2$	1.6×10^{-5}	4.79
74	$BiPO_4$	1.26×10^{-23}	22.9	106	$PbCO_3$	7.4×10^{-14}	13.13
75	$CaCO_3$	2.8×10^{-9}	8.54	107	$PbCrO_4$	2.8×10^{-13}	12.55
76	$CaC_2O_4\cdot H_2O$	4.0×10^{-9}	8.4	108	PbF_2	2.7×10^{-8}	7.57
77	CaF_2	2.7×10^{-11}	10.57	109	$PbMoO_4$	1.0×10^{-13}	13.0
78	$CaMoO_4$	4.17×10^{-8}	7.38	110	$Pb(OH)_2$	1.2×10^{-15}	14.93
79	$Ca(OH)_2$	5.5×10^{-6}	5.26	111	$Pb(OH)_4$	3.2×10^{-66}	65.49
80	$Ca_3(PO_4)_2$	2.0×10^{-29}	28.70	112	$Pb_3(PO_4)_3$	8.0×10^{-43}	42.10
81	$CaSO_4$	3.16×10^{-7}	5.04	113	PbS	1.0×10^{-28}	28.00
82	$CaSiO_3$	2.5×10^{-8}	7.60	114	$PbSO_4$	1.6×10^{-8}	7.79
83	$CaWO_4$	8.7×10^{-9}	8.06	115	PbSe	7.94×10^{-43}	42.1
84	$CdCO_3$	5.2×10^{-12}	11.28	116	$PbSeO_4$	1.4×10^{-7}	6.84
85	$CdC_2O_4\cdot 3H_2O$	9.1×10^{-8}	7.04	117	$Pd(OH)_2$	1.0×10^{-31}	31.0
86	$Cd_3(PO_4)_2$	2.5×10^{-33}	32.6	118	$Pd(OH)_4$	6.3×10^{-71}	70.2
87	CdS	8.0×10^{-27}	26.1	119	PdS	2.03×10^{-58}	57.69
88	CdSe	6.31×10^{-36}	35.2	120	$Pm(OH)_3$	1.0×10^{-21}	21.0
89	$CdSeO_3$	1.3×10^{-9}	8.89	121	$Pr(OH)_3$	6.8×10^{-22}	21.17
90	CeF_3	8.0×10^{-16}	15.1	122	$Pt(OH)_2$	1.0×10^{-35}	35.0
91	$CePO_4$	1.0×10^{-23}	23.0	123	$Pu(OH)_3$	2.0×10^{-20}	19.7
92	$Co_3(AsO_4)_2$	7.6×10^{-29}	28.12	124	$Pu(OH)_4$	1.0×10^{-55}	55.0
93	$CoCO_3$	1.4×10^{-13}	12.84	125	$RaSO_4$	4.2×10^{-11}	10.37
94	CoC_2O_4	6.3×10^{-8}	7.2	126	$Rh(OH)_3$	1.0×10^{-23}	23.0

续表

序号	分子式	K_{sp}	pK_{sp} $(-\lg K_{sp})$
127	$Co(OH)_2$(蓝)	6.31×10^{-15}	14.2
	$Co(OH)_2$(粉红,新沉淀)	1.58×10^{-15}	14.8
	$Co(OH)_2$(粉红,陈化)	2.00×10^{-16}	15.7
128	$CoHPO_4$	2.0×10^{-7}	6.7
129	$Co_3(PO_4)_3$	2.0×10^{-35}	34.7
130	$CrAsO_4$	7.7×10^{-21}	20.11
131	$Cr(OH)_3$	6.3×10^{-31}	30.2
132	$CrPO_4\cdot4H_2O$(绿)	2.4×10^{-23}	22.62
	$CrPO_4\cdot4H_2O$(紫)	1.0×10^{-17}	17.0
133	$CuBr$	5.3×10^{-9}	8.28
134	$CuCl$	1.2×10^{-6}	5.92
135	$CuCN$	3.2×10^{-20}	19.49
136	$CuCO_3$	2.34×10^{-10}	9.63
137	CuI	1.1×10^{-12}	11.96
138	$Cu(OH)_2$	4.8×10^{-20}	19.32
139	$Cu_3(PO_4)_2$	1.3×10^{-37}	36.9
140	Cu_2S	2.5×10^{-48}	47.6
141	Cu_2Se	1.58×10^{-61}	60.8
142	CuS	6.3×10^{-36}	35.2
143	$CuSe$	7.94×10^{-49}	48.1
144	$Dy(OH)_3$	1.4×10^{-22}	21.85
145	$Er(OH)_3$	4.1×10^{-24}	23.39
146	$Eu(OH)_3$	8.9×10^{-24}	23.05
147	$FeAsO_4$	5.7×10^{-21}	20.24

序号	分子式	K_{sp}	pK_{sp} $(-\lg K_{sp})$
148	$Ru(OH)_3$	1.0×10^{-36}	36.0
149	Sb_2S_3	1.5×10^{-93}	92.8
150	ScF_3	4.2×10^{-18}	17.37
151	$Sc(OH)_3$	8.0×10^{-31}	30.1
152	$Sm(OH)_3$	8.2×10^{-23}	22.08
153	$Sn(OH)_2$	1.4×10^{-28}	27.85
154	$Sn(OH)_4$	1.0×10^{-56}	56.0
155	SnO_2	3.98×10^{-65}	64.4
156	SnS	1.0×10^{-25}	25.0
157	$SnSe$	3.98×10^{-39}	38.4
158	$Sr_3(AsO_4)_2$	8.1×10^{-19}	18.09
159	$SrCO_3$	1.1×10^{-10}	9.96
160	SrC_2O_4	1.6×10^{-7}	6.80
161	SrF_2	2.5×10^{-9}	8.61
162	$Sr_3(PO_4)_2$	4.0×10^{-28}	27.39
163	$SrSO_4$	3.2×10^{-7}	6.49
164	$SrWO_4$	1.7×10^{-10}	9.77
165	$Tb(OH)_3$	2.0×10^{-22}	21.7
166	$Te(OH)_4$	3.0×10^{-54}	53.52
167	$Th(C_2O_4)_2$	1.0×10^{-22}	22.0
168	$Th(IO_3)_4$	2.5×10^{-15}	14.6
169	$Th(OH)_4$	4.0×10^{-45}	44.4
170	$Ti(OH)_3$	1.0×10^{-40}	40.0
171	$TlBr$	3.4×10^{-6}	5.47
172	$TlCl$	1.7×10^{-4}	3.76
173	Tl_2CrO_4	9.77×10^{-13}	12.01
174	TlI	6.5×10^{-8}	7.19
175	TlN_3	2.2×10^{-4}	3.66
176	Tl_2S	5.0×10^{-21}	20.3
177	$TlSeO_3$	2.0×10^{-39}	38.7
178	$UO_2(OH)_2$	1.1×10^{-22}	21.95

续表

序号	分子式	K_{sp}	pK_{sp} ($-\lg K_{sp}$)	序号	分子式	K_{sp}	pK_{sp} ($-\lg K_{sp}$)
179	$FeCO_3$	3.2×10^{-11}	10.50	189	$VO(OH)_2$	5.9×10^{-23}	22.13
180	$Fe(OH)_2$	8.0×10^{-16}	15.1	190	$Y(OH)_3$	8.0×10^{-23}	22.1
181	$Fe(OH)_3$	4.0×10^{-38}	37.4	191	$Yb(OH)_3$	3.0×10^{-24}	23.52
182	$FePO_4$	1.3×10^{-22}	21.89	192	$Zn_3(AsO_4)_2$	1.3×10^{-28}	27.89
183	FeS	6.3×10^{-18}	17.2	193	$ZnCO_3$	1.4×10^{-11}	10.84
184	$Ga(OH)_3$	7.0×10^{-36}	35.15	194	$Zn(OH)_2$③	2.09×10^{-16}	15.68
185	$GaPO_4$	1.0×10^{-21}	21.0	195	$Zn_3(PO_4)_2$	9.0×10^{-33}	32.04
186	$Gd(OH)_3$	1.8×10^{-23}	22.74	196	α-ZnS	1.6×10^{-24}	23.8
187	$Hf(OH)_4$	4.0×10^{-26}	25.4	197	β-ZnS	2.5×10^{-22}	21.6
188	Hg_2Br_2	5.6×10^{-23}	22.24	198	$ZrO(OH)_2$	6.3×10^{-49}	48.2

注:①②③的形态均为无定形。

参考文献

[1] 伍晓春,姚淑心.无机化学实验[M].北京:科学出版社,2018.
[2] 童国秀.无机化学实验[M].北京:科学出版社,2019.
[3] 杨芳,郑文杰.无机化学实验[M].北京:化学工业出版社,2017.
[4] 卞国庆,纪顺俊.综合化学实验[M].苏州:苏州大学出版社,2007.
[5] 徐光宪.稀土[M].北京:冶金工业出版社,1995.
[6] 石建新,巢辉.无机化学实验[M].4版.北京:高等教育出版社,2019.
[7] 中本一雄.无机和配位化合物的红外和拉曼光谱[M].4版.黄德如,汪仁庆,译.北京:化学工业出版社,1991.